理想時尚聖經

從 衣櫃減法 開始的風格覺醒指南

專屬關鍵字×穿搭公式×九大經典萬用單品

Wear
It
Well

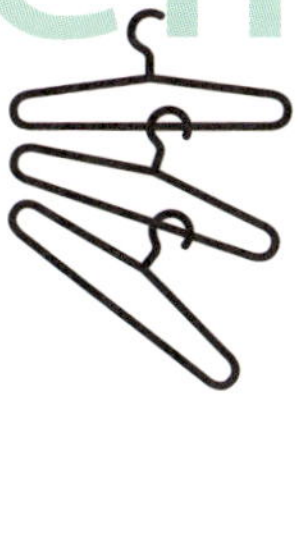

艾莉森・柏恩斯坦—著

Wear It Well

Reclaim Your Closet and Rediscover the Joy of Getting Dressed

本書獻給我的母親和祖母。媽媽總是任由我透過時尚自由表達自己，從不會讓我覺得有所謂「錯誤」的穿搭選擇（雖然現在回頭看，當時有些打扮確實難以讓人認同）。奶奶也以相同的方式，教會我如何購物：我們總是精挑細選，卻也懂得迎向那些打動我們的事物！我們喜歡深思熟慮，但不會過度糾結。

We liked to think, but no overthink.

引言

你知道穿上一身超棒的衣裝，是一種什麼樣的感覺嗎？它不一定非得是新衣服，也不需要多華麗，但就是一套非常適合自己的裝束。是否發現穿上它以後，你更加抬頭挺胸地走路了呢？開始會多瞧幾眼鏡子中的你？與他人互動的方式也有所不同了？

這是因為——當我們擁有理想的外型，自我觀感也會變得美好。而當我們感覺美好時，自信便會隨之而生，一整天的狀態會越漸入佳境，越發輕鬆順利。從容自在帶來的幸福感，還會隨著這些好日子慢慢積累，進而感染身邊的人。我熱愛藉由從頭到腳的悉心穿搭，來放大這種正面效應！

我在紐約當了十三年的時尚造型師，但直到二〇二〇年新冠疫情爆發及隨後的封城時期，我才真正體會到服裝對於個人幸福的深遠影響。那段時間，我透過 FaceTime 為超過一千名、來自各種不同背景的客戶提供造型指導：他們的尺寸、體型、種族、職業和經濟背景皆不相同。有兩年來都不曾為自己採買的新手媽媽們，也有許多努力適應全新居家辦公模式的上班族們（我們稍後會深入探討這些主題）；有些人正經歷分手的傷痛，也有些人只是希望透過衣櫃建立自我認知——他們知道自己擁有不少漂亮的衣服，卻總覺得自己的打扮無法充分展現個人風格（在本書中，我將使用化名來分享這些精采的個案故事）。與此同時，我教導客戶使用的方法和工具，尤其是我的「三詞法則」，突然在網路間獲得了意料之外的熱烈迴響，且迅速在 TikTok 上爆紅起來，還受到《紐約雜誌》（*New York Magazine*）、《哈潑時尚》（*Harper's Bazaar*）和茱兒．芭莉摩（Drew Barrymore）等媒體與明星的關注。那些我在《Vogue 青年版》（*Teen Vogue*）當實習生時便很仰慕的時尚圈名人，像是蘿倫．聖多明哥（Lauren Santo Domingo）和陳怡樺（Eva Chen）等，也在她們的社群上分享了她們的「關鍵三詞」。而更重要的是，許多曾經對自我風格缺乏信心的人，也開始逐漸了解個人的喜惡和渴望，並領悟到一旦釐清自己的感受，就能更進一步發展並探索屬於自我的風格。在這個過程中，我於是有機會見證數百人在自我發現中成長。與這些素昧平生的人們透過 FaceTime 建立起親密的合作關係，也帶給我難以言喻的成就感。我也因此意識到，我們對於「好好照顧自己」這件事的理解，實在過於狹隘。

而這本書將改變這一切。

接下來，我會教你如何將一個充滿不確定性和困惑的衣櫃，轉變成帶來喜悅與平靜的空間。我們將共同精心策劃你的衣櫃，讓你不管是外形還是內在感受都能意氣風發。大家都知道服裝會對情緒帶來不同的影響：如一條舒適的連身褲能夠讓你飄飄然地享受整個週六；俐落的扣領襯衫和西裝褲則會幫助你迅速轉換為工作模式。然而，只有在我們了解自己的喜好，與內心深處保持連結，並將這份自我覺察融入選擇中，並搭配出可契合或甚至是提升心情的服裝時，才能真正展現時尚的魔法之力。而一旦掌握了這股力量，你就能完全煥發充沛的活力。

最重要的是，我將教會你如何享受——而非畏懼——每天早上穿衣打扮的過程。

我幾乎可以聽到有懷疑論者暗想：「好吧……但妳還未見過我的衣櫃……。」事實上，我見過形形色色的衣櫃；長達十多年的造型師工作，讓我接觸到所有你想像得到的各式光景：從塞滿名牌卻被客戶暗自討厭的衣櫃，到一整櫃小了兩碼的衣服；甚至還有衣櫃無比混亂，主人竟然不知道裡面有兩件一模一樣的毛衣——因為她忘記的那件早已被埋在衣櫃深處，於是又買了相同的款式。

歸根究柢，每個衣櫃其實都面臨相同的問題：我們往往沒有將衣櫃視為充滿創意與自我表達的空間，但它們理應如此。相反地，衣櫃經常籠罩著羞愧和焦慮的陰霾，淪為一個讓我們覺得自己永遠不夠好的地方。解決之道在於：我們必須學會與衣櫃培養友誼，才能擁有一個帶來喜悅的衣櫃。精心穿搭、展現自我的藝術，也由此開始。

我很幸運，從小就學會將我的衣櫃視為一個讓人興奮甚至是刺激的地方。我對服裝充滿熱情，也有一位開明的母親，給我無限的空

間和自由，可盡情試驗各種穿搭方式。我的衣服經常來自祖母的行李箱，裡面裝滿了她的舊毛皮大衣，被我拿來搭配褶邊公主裙和派對涼鞋。

結果，我的穿搭有時非常瘋狂：我是那種會在暴風雪天撐著蕾絲陽傘的小孩，也會用毛根[1]將頭髮纏成兩根水平的辮子，就像長襪皮皮[2]（Pippi Longstocking）一樣（可不是為了萬聖節的裝扮喔，只是普通的上學日）。我不在乎看起來有多荒唐——我只知道自己當下的感受：我感到非常美好，那些妝扮讓我神采飛揚。

後來，在紐約時尚學院（Fashion Institute of Technology，簡稱 FIT）求學時，我跨入了另一個世界，與酷愛時尚的天才們一起學習。他們著迷於利用服裝來「操縱現實」，出門在外總是獨領風騷。我被他們的勇敢啟發，也開啟各種試驗。那幾年，我毫無保留地揮灑著創造力。雖然我無力負擔夢想的穿著，但仍設法在有限的學生預算下——以平價的 Payless 鞋子、Zara 的牛仔褲和救世軍（Salvation Army）慈善二手店的夾克——穿出名模凱特．摩絲（Kate Moss）的風格。這些摸索讓我收穫了堪比課堂的知識，包括材質、比例，以及自我表達的藝術。

1 pipe cleaner，一種絨毛軟鐵絲，是常見的手工藝材料

2 瑞典兒童文學作家阿思緹．林格倫（Astrid Lindgren）筆下的經典角色

即便如此，我仍記得有一次在拍攝現場被趕回家換衣服的經歷。當時我剛踏入職場，身為自由接案的造型助理，我盡可能地累積經驗、向眾多前輩們學習。即使我只是個「助理的助理的助理」，能夠參與其中還是讓我興奮無比，熱情畢露——於是我穿上緊身的 Trash and Vaudeville 牌仿皮褲和毛茸茸的布偶風外套，踩著沉重的厚度涼鞋。當我抵達工作地點，首席造型師只掃了我一眼便說：「回家換衣服。」她的語氣並不友善，然而言之有理，牛仔褲和 T 恤，其實才更適合一整天要上上下下搬運服裝袋的工作。但我很幸運，因為自由奔放的時尚成長背景，讓我擁有恢復自信的韌性，可繼續在未來的歲月中展現自我。這一切本可能粉碎我的信心，而我也曾聽過無數人因為類似的批評而深受打擊。

但我們會帶你終結這種情況。

在本書中，你將學會清除那些社會文化從小植入我們心中的負面情緒和批評。我們總是被告知不夠瘦、不夠酷、不夠年輕，因此沒有資格穿自己想穿的衣服。我們被灌輸「顯瘦」的衣服才是最好看的選擇；甚至還有許多過時的規則，比如不能在勞動節（Labor Day）後穿白色服裝。我想提供你重新審視這些觀念的訣竅，並請你根據最真實的自我表達需求，決定是否繼續遵守或打破它們。你將學會重新想像你的衣櫃——它應是一個僅屬於你的主權空間，讓你感到強大而美麗，且能夠自由地玩樂、夢想和創造。

花時間去傾聽、回應那些讓你對衣著失去熱情的內在聲音——以全新的視野審視它們，並有意識地下定決心驅逐那些批判性的老聲音——你的精神狀態將耳目一新，開啟改頭換面的可能性。這同時也是「為自己而穿」的開始。

接下來，我們會採取一些策略。我會教導你自創的「AB 衣櫃精選系統」和「三詞法則」。這幾年，我為了幫助客戶確切理解他們的衣櫃，開發了這兩個方法，帶領他們辨識、表達並發展出個人風格。我們很少把穿在身上的服裝視為一個整體，因此我設計了這些方法，目的是協助你整合風格，創造出讓你感到愉快的衣櫃系統，並孕育出你期望向外界展現的形象，既能取悅心靈，又能反映最真實的自我。

每當我看到客戶學會它且在生活中陶冶出這樣的熱情並進而發生可觀的轉變時，都深感驚喜。我們將探討合身的穿搭與比例、學會如何自行掌握基本款，以及如何運用新的時尚意識再次購物。你將觸發自己的直覺，並懂得如何將之具現化。

時尚經常被認為是淺薄或無關緊要的，但我要向你展示如何運用時尚作為探索真實自我與自我照顧的工具——一種幫助你更了解自己、找到所愛並享受它的生活實踐方式。這些工具不僅會改造你的衣櫃，甚至能逐步改變你的人生。

我有幸見證了無數個客戶歷經這樣的蛻變。有些客戶在討論初期，曾表示他們憎恨衣櫃裡的一切，甚至想付之一炬；但在諮詢過程中，不僅重新發現裡面有一些很棒的衣服，還意識到自己獨特的風格，簡直不可思議。我也總會不時想起那位養育著三個孫輩的奶奶，雖然一整天忙於照顧孩子，卻還是希望自己能夠看起來亮麗得體。後來我們找到一條能舒適地坐下、彎腰的好看褲子，並以樂福鞋代替運動鞋以提升造型感。這不僅改變了她對衣櫃的感覺，也讓她對自己在世界中的定位產生了微妙的變化。有時，衣櫃的全面改造甚至能開啟職業生涯的新篇章。

當你愛上自己的穿著和它們帶來的感受時，你會變得更加自信。一旦言行舉止中流露滿滿的信心，你眼中的世界也會更加友善，同時也正因如此，許多機會將為你敞開。而每次看到這一切發生，我都驚嘆不已。請讓穿著打扮不再只是每天的例行公事，而是成為我們能夠雀躍享受、樂於投入的愉悅時光。

Part One

外型美好，感覺良好

When You Look Good, You Feel Good

Chapter One

為何衣櫃總給我挫敗感？

Why Does My Closet Bum Me Out?

雖然大多數人都能認同「外型姣好、自我感覺就能良好」的理念，但衣櫃內卻總是充斥著我們並不特別青睞的東西。即便是我們熱愛的物品，也經常不知道該如何搭配它們。我們匆忙地購物、匆忙地換衣服，結果往往是：我們看起來、感覺起來……也顯得匆忙草率。我們欣賞其他人的穿搭風格，於是研究他們的形象並費盡心思地模仿，最終卻發現，我們和真正的自我相互脫節。

這是因為我們往往沒有給自己足夠的機會去了解何謂真正的個人樣貌，以及內心所愛。在你學會開始留心觀察自己、了解什麼才能讓你由內而外全心感到快樂之前，是難以發展出所謂的個人風格的。

如果你的衣櫃讓你感到心煩意亂，那是因為從來沒有人教你如何與它建立關係，或是如何費心照料它。我知道這是一個大膽的説法，尤其是針對那些衣櫃已經井然有序的人而言。但當我談及「照料」，我指的不僅僅是整潔，而是指有沒有花時間去關注你自己的需求、品味和渴望，是否靜下來傾聽內心，從而建立並維護一個能夠帶來喜悅的衣櫃。也許是因為迎合他人能讓我們感到更加安心自在，也或許是因為內心深處不全然地相信自己值得花那麼多時間，我們的注意力經常被外界拉走。然而當我們把目光聚焦回己身，就能有機會實現個人的身心平衡，並因此促進成長。那些表達真實自我的小小行動，能建立更深刻、真切而鼓舞人心的自我認識，進而帶來新的機會和觀點。換句話說，如果你已經準備好更真誠地做自己、同時尋求喜愛的方式來展現個人魅力，那麼本書不會讓你失望。

Chapter Two

重新定義自我照顧

Redefining Self-Care

在我們開始討論衣服之前——包括你喜歡什麼、無法忍受什麼、你所渴望的、還有哪些地方會讓你困惑等等——我們得先從最根本的地方開始。這個起點就是——你自己！透過連結最深層與真實的自我，我們能夠觸及一個堅定不移的核心，提供不同生活領域穩定的支柱。有時候，這並非是一個簡單的任務。即使有些人身邊被充滿愛的父母和朋友圍繞，也可能被這個總是讓我們感到殘破不堪的世界無情打擊。

我們的文化傳遞了許多有毒信息，還被我們不知不覺地內化：我們不夠富有、不夠瘦、不夠漂亮、不夠成功。時尚界、媒體、好萊塢和社群網路，不斷地以超乎現實上鏡的外貌、過度精緻的妝容造型，以及經過大幅修圖的明星和網紅形象轟炸我們。即便我們喜歡自己，也難免會產生一種揮之不去的疑慮——彷彿我們必須成為別人，或者以某種方式改變外表，才能真正地感到快樂。

當然，我們都知道現實生活並非如此；完美無瑕的形象並不存在，對於這種妄想的無止境追逐應當到此為止。我想要鼓勵你去愛上真正的自己，並且示範如何透過創造和照料衣櫃，踏上自我呵護、自我療癒的最佳途徑。

這並不代表你需要立刻學會接受一切，並喜歡上衣櫃裡的每一樣東西。有一句話是這麼說的：「你的房子反映你的心靈」（*Your house is a reflection of your mind*）？這句諺語也適用於衣櫃。如果你為了衣櫃向我尋求協助，一定是因為在內心深處，你感應到有什麼不太對勁。不僅僅是你的衣櫃，還包括你對自己和服裝的想法與感受。或許你隱約察覺，是時候做出改變了，是時候追求一種不同的生活方式。即便是那些最整潔、最有條不紊、風格夠鮮明的人，也可能陷入困境。我不管你的巨型步入式衣帽間是否如蕾哈娜（Rihanna）的嶄新完美；如果衣櫃不能為你帶來一種深邃而穩固的滿足感，那麼它就不是一個健康且能為你提供依靠的地方。

用心穿搭是一個過程，也是一種儀式，更是一種生活方式，讓你學會傾聽內心而不是盤旋於腦中的文化遺毒。所以，我們首先要擺脫那些干擾你衣櫃的外在聲音——那些從不屬於你自己的噪音——並將衣櫃重啟為一個安全的空間。（我稱這個步驟為「與你的衣櫃成為朋友」）。

我知道有些人可能會覺得：「好吧。但我的問題不是出在心態上，而是荷包太緊。如果我有足夠的金源，我的衣櫃絕對是天堂。」

過去幾年來，我與眾多不同經濟背景的客戶合作過。金錢確實可以買到很多東西，但它無法買到身心靈的幸福感，也無法買到風格。

唯一能夠培養幸福和風格的方法，是花時間去理解自己，觀察哪些事物帶給你深度的喜悅，並讓身邊環繞著最符合理想生活的物品。這是什麼樣的感覺呢？簡單說的話，可稱得上是振奮人心吧。我並不是說世界上沒有令人夢寐以求的華美服裝，而是希望你能理解，一旦掌握了真正屬於你的個人風格，你會驚訝地發現，其實有許多傑出單品，都是你現在就能夠負擔的。

另一方面，隨著人生進程不斷地改變——而如何適應這些變化並保有自我，最有力量的方法之一就是透過衣櫃。在新冠疫情期間，許多人經歷了一場自我重塑與發現的變革或復興，而這種變化有時是因為失去而觸動的。當時，大部分的客戶正經歷著某種蛻變。雖然在那段動盪的日子裡，整理衣櫃與外面正在發生的事情相比，可能顯得有些微不足道，但這樣的觀點其實過於偏狹。在那個充滿未知的時期，正是透過我們的努力，當時的客戶們才得以藉由清晰而堅定的方式，再次與這個世界、與不斷變動的現實產生連結，並一起度過這個難關，同時也更深入地了解自己，並培養了韌性和靈活性；正如大家都知道的，應付不確定性的最佳途徑之一，就是扎根於真實而重要的事物上。如果你不知道自己是誰，當然也就無法改變與成長。

在那段期間，我遇到了許多令我印象深刻的女性，其中之一就是黛安（Diane）。她是一位住在美國紐澤西州的母親，有一個正在就讀中學的兒子，丈夫在前一年逝世了。當時黛安正面臨著生命中的

巨變。她的身材非常嬌小，但從視訊鏡頭的角度，我可以看到她身後擺了好幾層的厚底高跟鞋。她有著微晒成小麥色的肌膚，一頭深色長髮，長得有點像雪兒（Cher），打從第一眼我就對她懷抱強烈的好感。歷經一年的時光哀悼丈夫、照顧身邊的人之後，現在她開始想要重新找回自我。她的衣櫃裡有著許多有趣的單品，但她總是抓起同樣的幾件重複穿，它們甚至不是她特別喜歡的衣服（這種情況很常見）。她擁有各式各樣的優質牛仔褲——從深色的 L'Agence 緊身褲到褪色破洞的 Zara 媽媽褲[3]——卻全都被她冷落在一旁。然而，黛安準備好再次對服裝以及生活感到期待了。

這也正是你即將學會的技巧。我將教你如何運用簡單的問題來檢視你的衣櫃：「有哪幾件真正讓我感到興奮？什麼才能呈現最真切的自己？」你的回答將成為基礎準則，讓我們能據此造出你熱愛的衣櫃。（同時，也會幫助我們清楚辨別哪些東西應該扔掉了。）

3 mom jeans，一種復古的高腰直筒牛仔褲

緊接著，我會教你如何在每次更衣時，都以友善且充滿好奇的心態面對你的衣櫃。這種新的態度所帶來的改變會讓你驚豔不已——不僅僅是外表的變化，更重要的是你內心的感受也會截然不同。我們將一起打造裝滿你心愛造型的空間。更棒的是，如果你能持之以恆地運用本書所傳授的方法，我保證，它們將為你的生活帶來意想不到的轉變。有一句古老的禪宗諺語曾云：「行一事之道，貫乎行萬事之理。」（*How you do anything is how you do everything.*）我從自己和許多客戶的生活中，都印證了這個真理。當你學會照料衣櫃，你也將更懂得照顧自己。那是一種無與倫比的美妙感受。

對於黛安而言，這代表要創造出全新的造型，不管是用來觀訪兒子的棒球比賽，還是在鎮上進行各種事務。一套放鬆、能夠隨時派上用場的必備款——同時也適合線上約會！我為她感到開心，我也看得出來這些約會讓她滿心期待。

我一步一步帶領戴安使用「AB 衣櫃精選系統」，一套我研發的簡單技巧（以我的姓名 Allison Bornstein 的首字母命名），旨在幫助你親近衣櫃並學會細心打扮。你的衣櫃再也不會讓你感到失望了。更重要的是，在我們大功告成以後，你會發現它已然成為你的避風港——一個快樂、安全、清晰且充滿肯定的空間，也是你的歸屬之地。

洗心革面

準備好了嗎？我們即將展開一段非常個人化的旅程：你將與衣櫃相伴相隨。衣櫃越是直觀、精簡化，早上穿衣打扮的過程就會更加順遂，並帶來額外的樂趣。這是一段神聖的時光：讓你有機會認識並與真實的自己合作。

如果你有幫衣櫃換季的習慣，我建議在季節交替時使用「AB 衣櫃精選系統」。舉例來說，如果你準備把儲藏的毛衣拿出來迎接秋天，可以先對衣櫃內的夏季衣物使用這個方法，再把它們收納起來過季。這不僅會帶來嶄新的氣息，也能幫助你掌握已有的衣物，減少在灰暗漫長的冬季網購狂潮中，看到夏裝特價而不小心下單已經擁有的物品。

驅逐內心的噪音

在我們實際開始整理和規劃衣櫃之前，先進行一個小儀式。你需要準備一支筆和筆記本（不能用手機喔，必須是實體的紙筆）。

確保全然的隱私，請關閉所有手機通知，闔上房門。

調暗燈光，點亮一根蠟燭。可別翻白眼啊——這是一個儀式，而儀式值得用心對待。唯有當我們以全新的方式去思考和行動時，我們的空間才能開始轉化。

打開衣櫃門，坐在床沿或椅子上，面對衣櫃，然後閉上眼睛。肩膀放鬆。我們即將花點時間聆聽我們抗拒的負面聲音——那些在我們穿衣服時，最刺耳的聲響。

慢慢數到十，並以深呼吸伴隨著每一個數字。等你數到十以後，再重複一次；這次倒數，從十數到一。

現在，睜開雙眼，凝視你的衣櫃。請你回想一下，那些在你試圖挑選衣服時騷擾你的聲音。這些聲音，或許在你準備面試時冷嘲熱諷，或者在你為了約會打扮時，讓你感到驚慌失措又癱軟。

聲音出現以後，不管它說了什麼，全部記錄下來。無須過度思考——繼續看著你的衣櫃，釋放那些聲音。不論當你看著衣櫃裡的物品時，那些念頭多麼地惡毒、殘酷，逐一寫下它們的原貌，直到列出一份完整的清單。當你再也想不出更多的時候，當那些聲音終於沉默，你就完成了。

千萬不可以糊弄這個步驟，抱持著「拜託，這也太荒謬了吧」的心態嘆氣。面對現實的過程雖然有些不舒服，同時也是大多數人放棄的地方，但你只需要在這個不適感中堅持一會兒，就會感到轉變開始發生。我會陪在你的身邊；你投入這個重大驅魔儀式的意願，將有助一切順利運行。把這些聲音逼出衣櫃，效果會令你驚詫。我們持續追蹤並揭露這些聲音，回顧一些不愉快的時刻，然後讓它們離開，同時我們邁向未來。

畢竟，大概很多人都還記得青少年時期的購物體驗；兄弟姐妹或媽媽在試衣間給我們的無情評價？或者那些不經思考、直言不諱的同事或男女朋友，丟給我們不請自來的時尚評論？還記得某天我穿著一件超級舒適的開襟毛衣來上班，當時的老闆卻問我：「妳生病了嗎？」她本意良善，但自那時起，我便意識到搭配開襟毛衣時，需要更細緻地設計，畢竟沒有人想看起來像是袖口塞滿了皺紙巾的老奶奶。除此之外，還有那些源源不絕的自我批評。雖然我們平時不留意這些噪音，但並不代表它們不存在。

當你揭露那些不受歡迎的聲音時，試著探究：相信那些聲音，對你造成了什麼後果。那些聲音是如何影響你的？你的行為如何改變？它們又是如何左右你的選擇？追溯這些聲音的根源，回想那些你說不

以下，是我經常從客戶那裡聽到的一些充滿批評的「內在聲音」：

1. 快一點！沒時間擔心衣服了。
2. 我擁有的衣服不夠多。
3. 這樣穿夠酷嗎？
4. 這樣穿可能不夠酷。
5. 我沒辦法駕馭這個。
6. 沒有一件合身的。
7. 我當時到底在想什麼？
8. 大家會嘲笑我。
9. 我這樣穿真的好看嗎？
10. 為什麼這件衣服穿在我身上，和模特兒看起來不一樣？
11. 我還太年輕，應該穿不了這個？
12. 我已經太老了，可能無法穿這件？
13. 我討厭我的衣櫃。
14. 我討厭我的風格。
15. 搞這些到底有什麼意義？？？

喜歡穿的衣飾，或者看看你衣櫃裡從未穿過的服裝，省思它們究竟怎麼進到衣櫃的，當初為何購買，又為什麼從未使用？從這過程中，盡可能地汲取資訊，這會幫助我們更加明白下一步該怎麼做，並按照你想要的方式處理這張清單。記住，那些話語已經失去力量了。有些客戶喜歡將紙撕成千百張碎片，扔進回收桶；有些則喜歡把它送進碎紙機；有些人則堅持使用老派方法，將清單丟入廚房水槽，點火燒掉。無論你選擇哪種路線，在清除這些聲音的時候，我希望你下定決心把它們的刻薄與冷酷逐出你的生活。這些聲音並不屬於你，它們是源自一個想利用你的恐懼和不安來謀取利益的文化。丟棄它們吧——說真的，滾得越遠越好！

如何與你的衣櫃建立友誼

現在，吹熄蠟燭，打開燈，再次坐在衣櫃前，靜心凝視。那個空間和裡面的一切都是你的。歷史上，女性往往沒有太多屬於自己的空間——即便是現在，很多人依然如此。但這個衣櫃呢？它專屬於你。無論好壞，眼前每一件衣物，都是因為你的選擇才在這裡：認知到這一點並承擔起責任至關重要。或許你從長輩那裡繼承了一些對你有來說具有情感價值和特殊意義的珠寶或衣服。但也要意識到，我們的穿著乘載著強大的力量，這些東西可以留下來當作紀念，而我們的目標是讓你感到快樂，如果你不想每天都穿戴它們，也絕對情有可原。

然而——請注意，這一點同樣重要——雖然現在衣櫃裡的一切屬於你，但並不代表它們必須常駐於此。就像我們剛才隔離並淨化了衣櫃裡粗暴的聲音一樣，我們也將清除那些不再適合你的衣物（小提醒：全書中我使用「衣櫃」這個詞，但它其實泛指你放置衣物的任何地方）。

關鍵在於決定每一件物品的去留。哪些衣物需要被淘汰，哪些需要留下來，盡可能地融入你的生活並帶來歡樂？哪些最能展現你的自信光彩？又有哪些會害你想躺回床上，躲進被窩裡？

自信是一種特殊的能量，能在我們最需要的時候，為一整天注入額外的魔法，不論你是即將面對一場重要的會議，還是像黛安一樣

首赴線上約會。雖然黛安已經準備好重新出發，但她坦承「我該穿什麼？」這樣的問題，成了她的絆腳石之一。合適的服裝能夠打下穩定的基石，幫助我們發揮最佳狀態——那個我們最想與世界分享的「自己」。黛安希望展現她那有趣又火熱的一面，但她過去的服裝卻無法完好地傳達。

你可能會以為，重塑衣櫃的第一步必須強勢——站起來接管衣櫃，毫不留情地把衣架上的服飾一件一件地扯下來，才能依照你理想的形象來篩選衣物。然而，根據我的經驗，這並非創造個人衣櫃的最佳方式。那些經驗教會我，最重要的第一步是溫柔以待。正如我之前提到的，把衣櫃當作你的朋友。讓自己保持柔軟、好奇的心態，思量什麼樣的衣櫃才能帶給你幸福感。目標不在於你覺得自己應該變成怎樣的人，也不是某個看似很酷的模樣，更不是你寧願變為的類型——而是追求「自我」最快樂、最美好的狀態——你的靈魂、你的內心、你的小缺點、你的天賦。

正是這樣的自我，才能幫助你發現真正的個人風格。只有你知道自己最關心和珍視什麼；這樣的你，才是我們希望掌舵的人。因為在重新塑造衣櫃的過程中，越誠摯地面對自己真心喜愛的東西和消磨時光的方式，在你每次打開衣櫃門時，你會更加愉快，並且越能感受到滋潤、舒適和親切感。你的衣櫃能夠引領你航向理想的人生。現在，當你處於這種柔軟、友善且充滿好奇的態度時，看看你的衣服，問問自己：「我最常穿的到底是什麼？」

Chapter Three

AB 衣櫃精選系統

The AB Closet-Editing System

「AB 衣櫃精選系統」的逐步規程，是我與客戶合作時使用的主要工具之一。我們將深入探究、展露真相，並聚焦在你的身上，讓你擁有一段致力於反思與自我療癒的時光。我希望你能樂在其中，盡情享受。因為接下來的每一步都能收穫不可思議的好處。現在投入的努力，將能幫助你在未來節省大量時間。所以，請預留一個小時免受任何干擾，絕對不會被老公、閨蜜或靴子沾滿泥巴的三歲小屁孩闖入的過程。

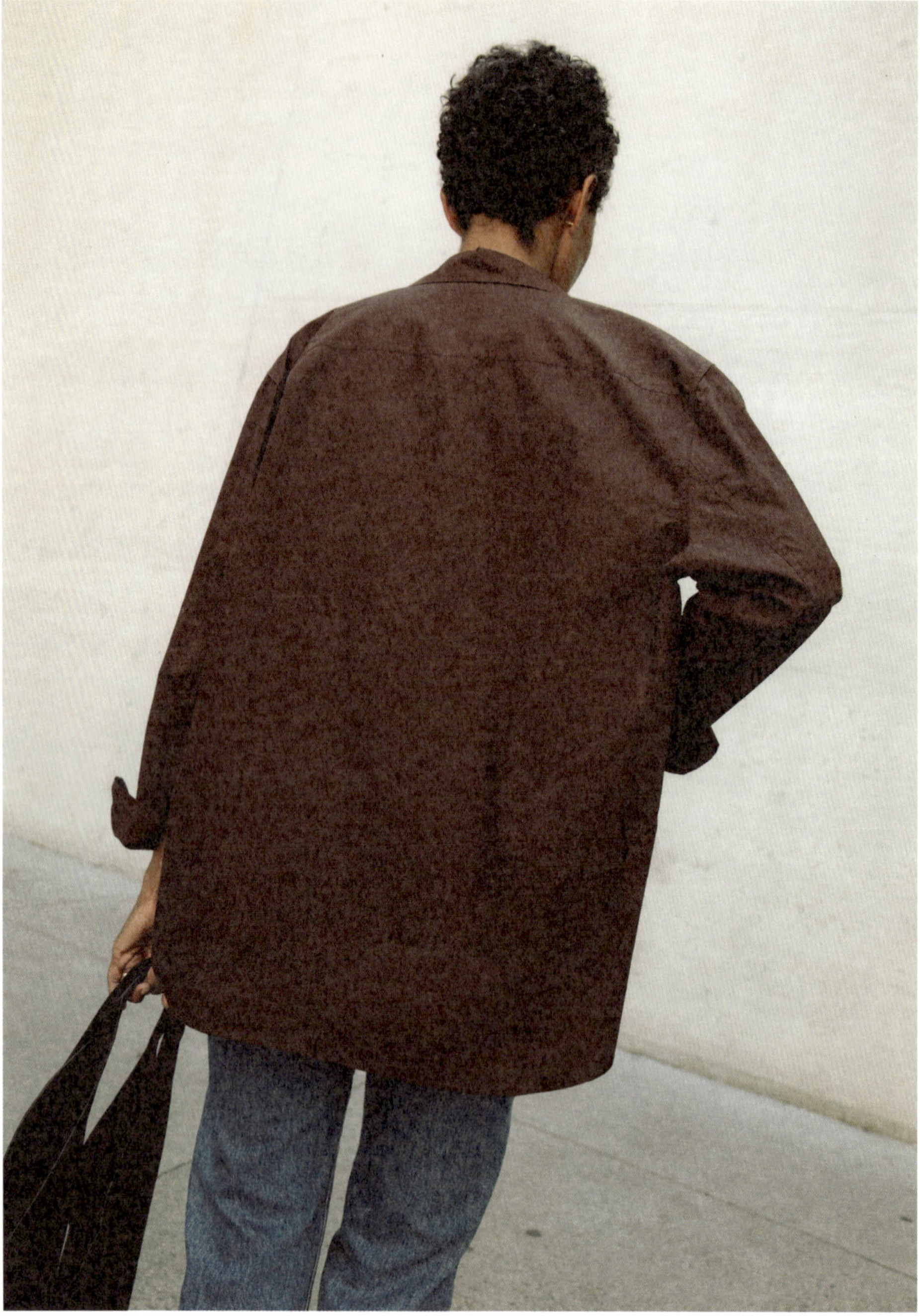

Step1　抓出「常用款」

回答上一章結尾的問題：「我最常穿的到底是什麼？」──這是「AB 衣櫃精選系統」的第一步。在這個階段，我們會從你的衣櫃中辨別所謂的「常用款」。其實非常簡單。首先，站在衣櫃前，拉出你經常穿的款項，挑出你總是輪流更換的衣服，把它們放在床上或掛在衣帽架上。這些就是你日復一日的慣常穿著，當你準備和朋友聚餐時，它們是你無須多想就套身上的衣服。把所有的「常用款」都找出來，毫無例外、沒有上限。

記得：不要選你最喜歡或是希望自己能夠常穿的服裝，而是挑選你實際上最常使用的衣物。對自己誠實一點。如果是運動褲，就把那些寶貝拿出來。如果是幾百件白色 T 恤……照拿不誤！鞋子、包款和配件也是比照辦理。我們之所以喜歡身旁的摯友，正是因為可以在他們面前展露最真實的自己；而現在，正是你與衣櫃坦誠相見的時刻。

現在，當你把所有「常用款」放在一起時，仔細觀察你挑選出來的衣物。它們有什麼共同的特徵？你通常選擇哪一種剪裁？是否有一致的色彩趨勢？你有偏愛特定的材質嗎？你喜歡這些衣服嗎？還是不太喜歡？為什麼？釐清你實際上最常穿的服裝，可以幫助你了解最實在的個人風格，以及你目前是如何展現自己。當你將這些單品從衣櫃中獨立出來，真相也就逐漸大白。舉例來說，我的客戶黛安總是穿著

破舊的黑色緊身褲和一件軍裝風格的 Madewell 綠色夾克。而在這個階段她開始明白，這樣的搭配其實比她嚮往的形象更加沉悶——但改造正要開始。

如果你對眼前的衣物不太滿意，無需擔心。當一堆東西被拖出來、散落一地時，你會進入一個脆弱的狀態。我曾經在這個階段看到客戶潸然淚下。但這一切僅意味著你尚未利用足夠的時間去挖掘真心喜愛的穿搭，或是你還沒有允許自己去購買那些衣服。沒關係，我們會解決這個問題。

這不一定得是個混亂又高壓的過程。不過我建議你一口氣完成整個流程。按部就班地進行完五個步驟——甚至為衣櫃的角落吸塵，並且在最後徹底清理內部；如此一來，明天早上你就可以嶄新地開始。當然，如果你不想一次就翻箱倒櫃地把所有東西抖出來，也可以依照類別逐一處理。

假如你已經完成這個階段了，做得很好！我會繼續陪著你。

現在，「常用款」已經歸類完畢，我們來看看衣櫃裡還剩下什麼吧！

Step2　辨認「再見款」

現在，是時候揪出「再見款」了。我希望你從衣櫃中找出所有不穿的衣物，把它們放在新的區域。你可能很喜歡它們卻從未穿過，也或許你因為厭惡而不想穿；或是它們可能不再適合你的身材、不再符合你的生活方式；也可能是你不知道該如何搭配、或僅知道一種穿搭方法的衣服。這些都屬於「再見款」。當你歸類完畢，請對配件進行同樣的篩選。所有你從來不穿的鞋子、不繫的腰帶和不背的包包都應該放在這堆「再見款」中。提醒你：這堆物品可能看起來比「常用款」更加凌亂。別怕，因為我們將進行以下的分析。

Step3　建立三堆「再見款」

在這個步驟中，我們會請你將「再見款」分類為以下三組：

1.「永不穿」堆

這堆是你應該處理掉的衣物。它們已經不再合身、你不再喜歡，或是無法再服務你、讓你感覺良好的類型。敬請安心地讓它們離開；每當你捐出一件「永不穿」款，就會有新的人去好好愛它。如果它只是在衣櫃裡霸占著位置，對任何人都沒有幫助——相信我，有些你不再喜歡的衣物，其他人可能視如珍寶。我最近捐出的「永不穿」款，是一件看似為我量身打造的單品：一件 TOTEME 的針織夾克，版型介於西裝外套與開襟毛衣之間。問題在於，當我需要西裝外套時，我會穿西裝外套；同樣的道理也適用於開襟毛衣。我曾給這件針織夾克一次機會，穿著它外出一趟寄 FedEx 包裹（標籤藏在衣服裡），之後就決定立即將它出售。就這樣，它在我的祝福中離開了。我喜歡想像：相信我的錯誤能夠成為別人的小確幸。

你可能已經對某件衣服產生了情感上的疏離感——也許你購買它的時候，處於不同的人生階段。又或者，你的身材有所變化——這是每個人都必經的歷程。也或許那件衣服已經變得破破爛爛，再也無法體面地被穿出門。但如果你的衣櫃始終困在過去，你可能會發現自己也停滯不前。保留那些不再需要的東西，會導致生活的各個層面僵化；當你執著於那些代表著舊我的物品，或者勉強搭配你已經不愛的衣服時，便無法真正觸及當下的自我，也無法展現出最好的自己。放手吧，讓它們走！

當你整理這些「永不穿」的衣服時，最好準備一個箱子、垃圾袋或行李箱，方便你隨手把它們丟進去。我發現，如果盯著同一件衣服太久，便會開始猶豫不決，最後又把它救回去。所以，當你決定某件衣服無法再為你服務、不再合適，或者不再讓你感到魅力四射時，就應該放棄它。一旦這些東西被放進袋子或箱子裡，從你的視線中消失，你甚至會感到一陣釋然。

2.「暫時不用」堆

這堆是你不打算丟掉，但也不希望擺進衣櫃裡的物品。舉例來說，孕婦裝、特殊場合的服裝、有情感紀念價值卻不想穿也不肯丟掉的衣服，或者是那些你純粹不知道該怎麼處理的東西。

我發現，這個「暫時不用」堆對於那些難以取捨的人來說，非常有幫助。你可以將「暫時不用」的單品放進行李箱、箱子或另一個衣櫃中。它們應該保存在你能觸及，卻又不是那麼方便拿取的地方。如果過了三個月，你仍然沒有動用其中一件，或者壓根兒沒想到它們，那麼是時候該放手了。你可以在行事曆上標記日期。我敢打賭，九成的情況下，放進「暫時不用」堆的東西最終都會被捐出去。我有一位客戶，甚至會在每次「暫時不用」箱裝滿時，便直接將裡面的衣物全數捐贈。

3.「潛力」堆

「潛力」堆是你很愛卻不曉得該怎麼穿搭的服飾。通常這些是你在店裡一見鍾情，買回家後卻束之高閣的衣物。或者，別人穿起它們來很迷人，但你卻不知道如何駕馭的單品。以黛安的「潛力款」為例，她擁有一件非常漂亮的 Veronica Beard 千鳥紋西裝外套，飾有閃亮的金色鈕扣；當我們終於成功為其搭配了柔軟的復古風 AC/DC[4] 樂團 T 恤和牛仔褲，她可是歡欣地手舞足蹈。

4 澳洲著名的搖滾樂團，創立於一九七三年

允許情緒主導（Emotional Override，簡稱 EO）

身為一個熱愛服裝的人，我可以理解那種看到一件令你心儀的衣服時，瞬間產生的激動心情。 儘管它可能不符合你的美學，但彷彿召喚著你出手，難以抗拒。這就是我所謂的「情緒主導」款。這些衣物不一定契合衣櫃裡的其他單品，但它們卻能帶來新的可能性。如果它能讓你回想起某段特別的時光或某個地點，或是成為一顆能指引你發展理想風格的「北極星」，其實也挺美好的。

關鍵在於，不要對「情緒主導」的過程過於拘泥或武斷——而是為自己保留一些成長與探索的空間。舉例來說，我有一雙非常寶貝的鮮紅色蕾珮朵（Repetto）平底鞋。它們在我以中性色調為主的衣櫃中顯得格格不入，但它們喚醒我內心深處的喜悅。也許這雙鞋是朝著未來成長方向的箭頭，也或許它們只是讓我想起那「長襪皮皮」般的童年心靈，無論如何，我都愛不釋手。我建議所有讀者，如果有機會，放任自己以這種方式發揮自由精神。你永遠不知道前方有什麼驚喜，正等待著你呢。

CAMILLA AND MARC

下列問題，可以幫助你在整理過程中，蒐集關於衣物的有用資訊。問問自己：

我經常穿這件嗎？如果答案是肯定的，它便屬於「常用款」。如果沒有，那麼它可能更適合歸類在其中一堆「再見款」。

穿上這件衣服時，我的感受如何？如果它是你經常穿卻又討厭的衣物，也值得關注。即使它是「常用款」，我們也可以將它轉移至「永不穿」堆，然後尋找另一個能取代它的新版本或新風格。

我如何使用這件衣服？如果你每次都以相同的方式穿這件單品，那麼或許可以考慮不同的搭配方法。

Step4　慶祝衣櫃的重生

一旦我們淘汰掉大部分的「再見款」，剩下的便是我們一天到晚穿的「常用款」，以及我們喜歡卻很少穿的「潛力款」。如果「常用款」是我們的「舒適區」，那麼「潛力款」就是我們的「變化牌」。接下來的任務是學會如何結合這兩者。假設你的「常用款」裡有許多互相搭配的牛仔褲和簡約西裝外套；而在「潛力款」中則有一件放克（funky）風格的印花西裝外套，你可以試著以它來搭配牛仔褲，取代平時的簡約西裝外套。這樣的穿搭既保留了你的時尚美學，又增添了一些趣味性。將「變化牌」與「常用款」結合，是我們不斷演化、冒險的一種方式，同時又不會偏離自我！

拆解並重組你的衣櫃能帶來相當顯而易見的好處。與黛安討論的過程中，我們花了大量的時間琢磨比例的運用，她已經擁有優秀的單品和必備造型；透過這個精選的過程，我們更能整合她所愛的一切，以全新的方式滿足當下的需求。黛安希望創造一種適合居家辦公的輕鬆風格，然而由於她的身高僅略高於 150 公分，所以她不願意放棄平常用來搭配的九分緊身褲與楔型鞋，但這樣的穿搭其實讓她的腿看起來更短。於是，當她換上另一條喇叭牛仔褲時，我們發現了全新的黛安：高腰喇叭褲的褲長恰好蓋過她的高跟楔型鞋，同時也拉長了腿部的線條。再加上她那像雪兒般的直髮，我們的改造成功了。黛

安還學到一課：那一系列漂亮的印花絲質襯衫——原本只將它們設定為「上班服」——實際上也可以作為約會之夜的選擇。這種情況很常見，當我們為了工作或週末買衣服時，往往會忽略它也能有其他的運用方式。通常為了工作場合，黛安會以長褲或西裝外套搭配那些襯衫；但當她嘗試將絲質襯衫改搭配皮革緊身褲時，卻呈現出讓人眼睛為之一亮的新穎外型——既美麗又魅惑。我們選了一件半透明的法國品牌 Equipment 女裝襯衫，內搭一件可人的黑色蕾絲胸罩，為激情之夜做好準備。解開襯衫上沿，比工作時少扣幾顆，還可以營造出修長的頸部線條，再配上一對金色圓形耳環點睛，成果驚為天人。

Step5　徹底整頓

現在，是時候整頓和重組我們精挑細選後的衣櫃了。我想請你採取有條不紊的方式，按照類別和顏色進行整理。將所有「常用款」和「潛力堆」的衣物重新分門別類，放置在衣櫃中的不同地方，例如：西裝外套區、女裝襯衫區、褲子區、裙子區、洋裝區等等。每一類衣物都應該有一個小小的專屬範圍，並在每個區域內，將衣服按顏色擺放整齊。

我敢向你保證：能夠站在衣櫃前，知道裡面全是你真心熱愛的服裝，而且被整理得井然有序、賞心悅目，這可是人生的一大樂事。

「AB 衣櫃精選系統」教你聰明購物

現在，你已經將衣櫃整理妥當，並掌握了一系列的新資訊；而且你知道自己擁有哪些衣物、經常穿什麼、需要什麼，也更加了解個人喜好。接下來還有許多的功課，但僅僅是目前的進度，已經能幫助你成為更有智慧的消費者，做出對未來有益的購物決策。

擁有一個高度系統化的衣櫃，還能讓你的生活變得格外輕鬆。按照類別和顏色整理後，你同時能更加一目了然地掌握衣櫃全貌；這對於外型搭配的抉擇、羅列下一次的購物清單，將大有裨益。如果你發現精選後的衣櫃出現了一些空缺，也不成問題。至少現在你知道缺少什麼，不會再隨意購物，漫無目的地花錢。識別需求至關重要，它能幫助你的精選進化到另一個層級。舉例來說，也許你會發現自己擁有三件藍白條紋襯衫——然而你真的需要這麼多件嗎？或許你需要的其實是一條深色長褲。那麼，你可以考慮將其中一件藍白襯衫放到寄賣店，順便在店裡逛逛，找一條時髦有型的海軍藍褲子，覺得如何？總之，請放慢腳步，不要急著衝出去採買。反思現況、鎖定目標和制定策略，這三者是不可或缺的要素。

比如說，假設你才剛扔掉了所有的絲質細肩帶背心（譯註：臺灣也稱小可愛），這不代表你需要再添置新的一批——畢竟你之前不穿一定有原因。只要保持好奇心，我們就能發現其他替代選項——像是適合外搭西裝外套的連身衣或羅紋背心。你可以問自己：「我真的需要類似功能的衣服嗎？為什麼我從來不穿這個款式？」或許你會發現自己醉心於絲質的觸感，卻不想為了細肩帶背心而穿上無肩帶胸罩。那麼，一般胸罩的絲質背心可能更適合你。又或者，有了孩子後，想要花時間清洗絲質衣服恐怕不容易，因此你也可以選擇一件更容易保養的棉質背心。這些問題與反思得以幫助你做出更明智的選擇。

也或許你的「永不穿」堆裡有很多波卡圓點襯衫？那麼，下次逛街時，記得避開圓點區域。或是當你整理衣櫃時，發現自己竟擁有六件純白長袖T恤……看來這類單品暫時不需要再添購啦。

所以，請在購物之前，對你剛整理好的衣櫃來個腦中快照。這個視覺化的記憶可以幫助你更清楚地了解自己的風格，也讓你的購物方向更加符合需求。舉例來說，假如你的衣櫃裝滿了中性色系的衣服，如今在你眼前有件鮮黃色的毛衣，不妨想像一下它掛在衣櫃裡會是什麼樣子。如果看起來很突兀，或許意味著它並不適合用來搭配你現有的衣物。但如果內心有個小聲音冒出來：「哇喔！我好愛那個亮黃色，搭配我的米色羊毛褲一定很讚。這正是我一直在尋找的！明天晚上就穿上它去吃晚餐吧。」這可能就是個非常好的信號，意味著那件鮮黃色毛衣是一項安全的投資——同時，也是幫助你理解個人風格的關鍵一環。稍後我們將深入討論購物的訣竅，但我希望你已經能感受到，目前的努力成果正在為你帶來積極的轉變。

策劃你的衣櫃

還記得本書開頭的引言，我提到將衣櫃視為一個主權空間嗎？一個只有你能獨立控制的領域。現在，我們已經淨化了不必要的噪音，剔除了不再適合你的衣物，並將衣櫃策劃成一場由色彩、圖案與秩序區塊組成的交響曲。接下來，我希望你站在衣櫃前，感受自己的心情，仔細品味。全新的整潔空間，不僅會帶來一種寧靜與掌控感，還可讓你體驗到容光煥發的滿足感，因為你組建的空間反映出自己真實的品味、需求與渴望。

現在，清楚知道這個空間裡每一件物品都是你喜愛的，而且獲得你打從心底的認可，感覺如何？是否感到更加美好而尊貴？甚至覺得自己性感且充滿力量？當你看著這些真正屬於自己的衣服——尤其是意識到你已經善用時間去傾聽內心、覺察讓你快樂的事物是什麼，並且精心挑選和呈現它們，你是否站得更加挺拔及更有自信了呢？

你的衣櫃是一個「工作坊」，而非檔案庫。這意味著它是一個神聖的空間，隨時投射我們真實的面貌——以及我們正在成為的樣子。如果我們是媽媽，日常生活包含接送小孩，那我們需要確保衣櫃得以反映出這一點，並且告訴自己，就算是為了這些瑣碎的時間做計劃——還有穿搭，也理所當然。即便是只接送孩子，也值得我們精心打扮，因為這些「過渡性」的日常片刻，構成了我們的生活，也塑造出獨樹一幟的風格。我們並不是凱莉・布雷蕭（Carrie

Bradshaw[5]），我們的衣櫃不該是個展示廳。人人都想追求美麗，但在這個空間裡，我們更需要看到自己──那個最真摯的自我。

你現在可能已經產生一些想法，希望從目前的基底發展出未來的風格，這正是我們接下來要進入的主題。或許，你發現自己一直努力不懈地想展現個人風格，只是缺乏有組織的方式。當黛安結束和我的諮詢時，她說道：「想不到我有這麼多好看的衣服！」我深感欣慰。這個過程是一個契機，讓你重新認識那些曾經被忽略的片段自我。對於重新約會，黛安由衷地感到興奮，因為她終於準備好了。

當然，你的衣櫃尚未改造完成，我們也才剛開始定義和精煉你的個人風格。但是走到這裡，你是否覺得一切都更為融洽而美滿了呢？

5 美國影集《慾望城市》的女主角之一。

你的衣櫃就是庇護所

與衣櫃建立良好的互動，會影響你與身體的關係。當你的衣櫃裡裝滿了真心喜歡、符合當下體型的衣服，你便向自己傳遞了一個正面的訊息：我值得這一切。我曾經與一些女性合作，她們認為除非擁有理想身材，否則不該為自己購買心儀的服裝。結果，她們那段日子過得慘澹無比，衣櫃裡充斥著短暫的替代品。但其實只有允許自己接納、享受現有的身體狀態，才能夠帶來超乎想像的欣喜。

我有一位客戶伊娃（Eva），她討厭打開衣櫃，因為她的靈感指數幾乎降到了零點。她剛經歷一場離婚，正準備重新開始——即將做出重大的人生決策，但衣櫃卻未跟上步伐。

伊娃喜歡購物，也熱衷於穿搭，但她總是重複買相同的款式。因此我們得先著手整理。她住在紐約市，公寓的其他地方都井然有序，但衣櫃空間有限，裡面總是擁擠得雜亂無章：如將好幾件洋裝重疊掛在同一個衣架上，有時上衣被隨手亂丟，衣架頸口甚至纏繞著數件細肩帶背心，或有四條裙子夾在一起。伊娃厭惡自己的衣櫃，所以從來不願意為了它耗費時間，日復一日地抓取同樣的幾件衣服來穿。她感到不知所措，也失去了創意和探索的興致。

首先，我和伊娃按照類別和顏色重整衣櫃，並統一所有衣架的方向（這種微小的視覺變化也能帶來驚人的效果！）在整理過程中，她挖掘出許久不見的衣物。我們甚至在高處某個難以觸及的架子上，找到一雙被遺忘的鞋子（我們把所有鞋子移至較低的層架，以便她看見）。我們捐出了大量的衣服，裝滿了三個大型黑色垃圾袋。她一開始有些緊張，擔心「沒有衣服可以穿」。但當我們把袋子留在客廳，再度回到她的衣櫃前時，我挑戰她：回想袋子裡的十件物品；她連說出三件都萬分勉強。我想衣櫃裡那些壓倒性的衣物數量曾經給予她安慰，一旦它們消失了，她甚至記不得裡頭有些什麼。她的問題正是出在「量大於質」。

你一定是曾經喜歡某個東西，才會把它們買回家！所以，如果你討厭你的衣櫃或衣服，很可能是因為它們過於紊亂或讓你備感壓力。你的衣櫃應該是整潔、悉心梳理的空間，能夠平衡生活中的混沌。你自然會希望衣櫃裡的服飾找到它們值得的歸宿。因此，需要先清理掉任何無用、或讓你感到不悅、浪費錢的物品。

當你的衣櫃變得更加舒適而誘人，你會樂於花時間與它共處，穿搭的靈感將隨之湧現，也更有機會成功地打造新的外型組合。

盡可能優化衣物的便利性和能見度。無論是什麼樣的空間，一定都能找得到方法達成這個目標。我曾經巡禮過形形色色的衣櫃，見識過許多非常獨特、有趣的空間設計。有些女性坐擁專屬的衣帽間，得以陳列所有衣服和配件，但也有些人（包括我自己）的衣櫃不算太大，必須仰賴衣架充分利用空間。然而，成功的人總是能在各種不同狀況中盡力發揮他們的優勢，並且避免雜亂。

當自己的衣櫃總監

設計一個符合你邏輯和直覺的系統。像我在本書第一部建議的那樣，你可以依顏色、種類或風格進行分類——選擇最適合你的方式，讓你能輕鬆找到所需物品，並迅速歸位。我個人偏好按照風格與顏色來整理衣物和配件，這樣既簡單又能激發創意。如果你的衣櫃看起來亂七八糟或不連貫，可能很難從中汲取靈感。我們的目標是讓你的衣物變得易於拿取，進而鼓勵你實驗新的可能性。因此，無論如何都要盡量為自己拓展便利性。

掌握掛放的藝術

我的衣櫃很小，沒有太多隔層空間，所以我養成將大部分的衣服掛起來的習慣。雖然一開始有點麻煩，但現在我已經離不開這種方式了，這個方法可以讓我輕鬆地掌握衣櫃的全貌。當你能一眼看清整個衣櫃，你就能將它視為一個協調的整體，而非一堆分散的物品。

我甚至特別喜歡掛放丹寧衣物——例如牛仔褲等，這樣能確保我同時看到褲腳和品牌；不必將它們取下來，也能迅速辨認每條褲子的款式。我也喜歡將腰帶掛起來，像貨櫃商店（The Container Store）這類收納品專賣店內的專業腰帶衣架，效果極佳——它的橫杆上設有小鉤子，正好可以獨立懸掛每條腰帶。當所有物品一覽無遺，相信你會更有動力嘗試搭配新樣貌。

陳列術：拿捏視線範圍

擔任造型助理時，我最喜歡的任務之一，就是打開拍攝現場的行李箱，取出鞋子並排放整齊。我會以一隻腳正面朝前、另一隻腳朝後的方式陳列每一雙鞋，這樣可以同時看到兩個角度，並根據顏色和風格擺列。我是視覺導向的人，架上鞋子的呈現方式非常重要，能引導我迅速掌握現場狀況。

如果你擁有充足的空間來展示鞋子和包包——那就盡情揮灑吧！但假使空間有限，你可能需要發揮創意；例如我會使用一些經濟實惠的小層架，將鞋子擺放在衣櫃的底部。雖然有些人喜歡用鞋盒來收藏鞋子，但當它們被塞入盒子裡，開盒取鞋就會變得麻煩，最終落在角落積灰塵。此外，我長年住在紐約小公寓——這些盒子對我來說過於占空間了。取而代之，我購買一些塑膠收納盒，將物品分門別類。你可以根據類型在外側貼上標籤（例如「晚宴鞋」、「涼鞋」、「運動鞋」等），有利自己在需要時能便利地抽取。

我也建議以同樣的方法整理手拿包。容我提醒，存放衣物時，務必記得對衣櫃懷抱著愛。請你溫柔以待，整理時小心一點，別把所有東西硬塞進箱子裡——為你的包包留點呼吸空間。如果是收納特別精緻的鞋子或包款，我會先用面紙或紙巾填充內裡，再將它們裝進防塵袋，最後才放入收納盒。

我也習慣讓小型配件保持能見性。我特別愛用小托盤展示太陽眼

鏡們，可一眼看盡所有選擇並取用，這是我在拍攝現場學到的技巧。我也偏好運用附有簡單隔層的珠寶盒；儘管用小碟子陳列飾品感覺很浪漫，但實際上它們容易糾纏在一起，這樣一來，你壓根看不到全貌。最好的方式，還是將所有飾品攤開擺列。

季節更替

理想情況下，你應該盡量將所有衣物放進衣櫃裡。我認為按照季節分開存放，可能會限制創造力。你不必嚴格規定某件單品僅限於某季節（如冬季或夏季）使用！如果需要騰出空間，次好的選擇是將當季不穿的物品收納在另一個衣櫃裡，或在另一個房間內放置額外的移動式衣帽架，確保你需要時仍然可以輕鬆拿取。此外，我會將厚重的冬季大衣安置在衣帽架上，並將靴子裝入配件專用的塑膠收納盒中，再把它們放進地下室，為春夏衣物挪出空間。我也建議你，能被存入行李箱的東西，應當屬於「暫時不用」堆（請參見第 50 頁）。行李箱並不是一個妥善或方便的儲存空間，請儘量避免用來長期收藏你目前用不到的東西。

細心呵護

我也鼓勵你善待所有衣物。無論是愛馬仕（Hermès）還是H&M，你都應該認真掛放、該乾洗的送去乾洗、然後以面紙塞滿鞋子和包包，或是在旅行時，把配件放進防塵袋裡。根據情況做出常理判斷。如果某件衣物容易被壓扁、變形，那就該加入填充保護；如果不會，就別浪費紙了！越是用心呵護，你就越想穿上它們。如果你總是把脫下來的衣服隨手丟成一堆，它們就會喪失吸引力。想要感覺自己狀態絕佳，請避免自己從地上一團衣服中，隨意撿起什麼、就穿什麼。即使那件衣服並不貴重，但只要你仔細保養它，也能穿出絕無僅有的感受。

蒸蒸日上

最後，每個人都應該投資一台蒸氣掛燙機。它能節省乾洗的時間、金錢和麻煩。通常，只需要一點點蒸氣的加持，就能讓衣物煥然一新！它能讓一切顯得嶄新乾淨——哪怕只是一件再平凡不過的T恤，整燙後看起來會更加舒爽。蒸氣能賦予每件衣物一股俐落感。這種清新的外型，無論是對自己還是他人，都能傳達出一種認真打理的觀感，你也會因此閃耀著自信。

Part Two

真正的你——表達最佳自我

Truly You—Expressing Your Best Self

Chapter Four

我缺乏個人風格，該怎麼辦？

What If I Don't Have a Personal Style?

首先，讓我向你保證：你絕對擁有專屬的風格——相信我！除此之外，我與數百位擁有不同經驗背景的客戶合作過後，我知道了，所謂的個人美學就藏在你的衣櫃裡。我們將進一步發現、定義並完善你的風格，同時探索如何以不同凡響的方式展現它。

在上一章中，我們已深入挖掘你的衣櫃，找出了那些「常用款」和「潛力款」。這個練習應該已經幫助你理解自己喜歡穿什麼款式衣服。或許個人風格尚未完全成型，但這些實用的衣物將結合想望、願景，成為我們下一步的墊腳石。試著將衣櫃裡的每件單品視為一個詞彙。例如那件你最喜歡的牛仔褲、最時髦的西裝外套，還有你不確定該如何搭配的印花褲子；或是那條簡約的細肩帶連身裙，也許都讓你想起對「舒適輕奢」風（cozy glamour）的嚮往。它們將一同幫助你構築出屬於自己的風格語言。

在本章中，我們將一起鑽研時尚語法——用這些結構和模式來指引你的抉擇，幫助你締造協調一致的形象和感受，同時也允許你不斷擴展與成長。畢竟，個人風格就是展現最佳自我的一種方式——那個最豐盈而實在的自己，含納所有你樂於與世界分享的每一部分。

當你允許自己花時間透過衣櫃來表述自我，你會驚訝地發現心態也將產生轉變。玩味風格會激發你的創造力，同時也形塑你的日常視角，調整你與世界接觸的方式。回想一下，穿上一套讓你洋溢著自信——甚至光彩照人的服裝時，那感受多麼美妙。它能深刻地影響你的心情，且我們都知道，情緒會渲染一整天的色彩。

我們將從一場冥想開始，幫助你與內心最耀眼的自我形象聯繫起來，接著我將深入解說「三詞法則」——一個我常用來激發客戶想像力的原創技巧，還能用來培養你的信心與膽識。這是這場刺激的風格之旅中，我最喜歡的精采環節。你的創造力、直覺與渴望都將在此共襄盛舉。

Chapter Five

冥想練習

Visioning You: A Meditation

那麼，最佳版本的「你」究竟是誰，我們又該如何邂逅「他們」？如果想讓你付出的努力獲得滿滿收獲，請為自己保留一些空間和時間，並盡情陶醉其中，享受「認識自己」的旅程，彷彿你正和一位老友共度時光。只需每天撥出十到十五分鐘，這場練習就能為你帶來奧妙無窮的效應。

放下手機，備妥紙筆。找一個舒適的地方坐下或躺下，讓自己徹底放鬆。你可以閉上眼睛等待靈感降臨，也可以在進行以下練習時，一邊塗鴉、速寫或筆記——一邊採取任何一個讓你感到最自在的方式，專注於當下的思緒和新點子。

緩慢地深呼吸，重拾內在平衡，將意念聚焦在連結起真正的自我風格。吐氣時，放慢速度、氣息拉長。然後，開始想像未來的自己——不是十年後的你，而是一個精心打理、閃耀著自信，並且更加睿智的真實自我版本。或許是下週的你，也可能是明天的你，正享受著非常美好的一日。那麼，請召喚出這形象，在腦海中盡可能清晰地具象化每一處細節，享受這種自我展望的感覺，並細細品味。

那麼，畫面中首先吸引你注意的地方在哪？這個未來的自己是什麼樣子？與現在的你有何異同？隨手記下任何字語，捕捉這個未來的你難以抗拒的魅力。他們偏愛什麼樣的顏色？散發出什麼樣的能量？是否向你揭示了新的面貌？詢問自己，上一次展現出這種自信、光芒四射的真實自我是什麼時候？你希望別人如何看待你？面對這些問題時，記得提醒自己：你已經擁有了這些特質，這些問題的目標是揭露尚未浮現的隱藏面向。細膩地比對你的理想形象與現況，並寫下所有的相似點與差異。例如，假設你現在的 CONVERSE 一星帆布鞋已經破舊不堪；但未來的你穿著一雙時髦的新運動鞋：如果如此，就把這點也記下來吧。

當我展望自己未來的模樣時，我看到一個充滿自信、對身體感到滿意的女人。她勇於嘗試新鮮事物和新的輪廓剪裁，甚至敢突顯那些平常不習慣展現的部分。因此，未來的我不會畏懼稍顯性感的穿搭，比如一件低胸連身衣搭配鬆垮感的長褲。雖然我深受有趣的配色所吸引，但通常不會偏離熟悉的範圍——然而，未來的我將有所突破，混搭亮色的單品和最喜歡的中性色調。

腦海中若越能把願景描繪得清晰，越能幫助你明確了解自己熱愛和渴求的事物，並分辨哪些東西不再適合你的衣櫃。以你的「未來版本」作為試金石，檢驗自己的風格選擇。購物時，可以問問自己：「未來的我會穿這件嗎？」或者在整理「暫時不用」的衣物時，自問：「未來的我會放棄這條已經穿到極限的舊牛仔褲嗎？」

與想像中的自我合作，能夠為你提供向前邁進的指引。花點時間，沉澱當下的自己，然後享受你正在成為的新樣貌。

Chapter Six

你的時尚座標：「三詞法則」

The Three-Word Method

接下來，隨著我們更深入發掘「如何展現真實自我」這項議題，我將向你介紹我的「三詞法則」，這是一種可以幫助你找出、強化並突顯個人風格細節的方法。美感往往難以確切描述，但若能為自己精選出一組獨特的三詞組合，穿搭不但能因此激發無窮靈感，還能以此作為參考基準不斷進化，並讓我們得以逐步勾勒出專屬於自己的風格疆界。這也是為什麼我喜歡用三個詞來幫助我們定義自己，數量之所以不是兩個也不是四個，是因爲這樣恰好能爲我們的穿搭風格創造出獨特的對比和張力。

每當有客戶或社群媒體上的粉絲問我該如何找到屬於他們的風格，或是如何避免盲目跟風不適合自己的潮流時，我總是會推薦他們嘗試「三詞法則」。你選的三個詞就是你的專屬法則，是你可以隨時依賴的心靈指引。如果你願意花時間去了解自己、發覺自己喜歡什麼以及為什麼喜歡，那麼各種新的可能性將為你敞開大門。當我在社群上分享這些概念時，獲得非常熱烈的迴響。大家都渴望找到一種專屬的穿搭語言，能夠描述自己當下風格和未來理想達成的樣貌。此外，透過實際的名人案例，大家也能從中學會如何辨別自己喜好的元素，並找到合適的方法，以誠實且獨具一格的方式，將其融入自己的衣櫃之中。

我喜歡運用「三詞法則」來幫助像安琪拉（Angela）這樣的客戶，她曾經苦於生活的種種面向拉扯。安琪拉四十出頭，嬌小可人，擁有一頭美麗的捲髮，在紐約科技業的金融部門工作，卻也熱愛戶外活動，喜歡放假時騎著單車穿梭於城市各處。這意味著，雖然她傾心於輕盈、衣褶翩翩的洋裝，卻也同時需要實用的穿著，以確保能夠便利騎車。

在我們一起探索「三詞法則」之前，安琪拉一直難以調和這些殊異的個人特質，經常覺得自己擁有兩種截然不同的衣櫃：一個是她的運動休閒風。她週末習慣穿著直筒單寧或卡其褲，搭配T恤和運動鞋；另一個則是她的上班造型，較為女性化與浪漫風，偏愛荷葉領或飄逸的洋裝。每次打開衣櫃，她都覺得自己是被迫地做出抉擇；在購物時，也像是在為兩個迥異的自我添置衣物般。由於穿搭過程混亂又過於複雜，安琪拉渴望改變早晨更衣時的感受。也許你也曾深受其擾？別擔心，我們會一起解決這個問題。

挑選你的關鍵詞

這個簡潔的三詞組合，將成為你改頭換面的指南，提點你的現況、熱愛的事物，以及即將發展的樣貌。它肯定了你的直覺，陪伴著你邁出下一步，並確保你朝著正確的方向前進。這個練習沒有對錯之

分，所以請保持輕鬆愉快的心情進行。你可以隨時更替這三個關鍵詞——它們就像你自己一樣，會隨著時間變化。初次選定之後，它們可能在幾週內變得更加精細準確。敬請保持開放的心，迎接今日的狀態，以及未來的無限成長空間。

首先，利用第 92 頁的「風格詞彙輪」來協助你的探索，列出吸引你的關鍵詞，接著詢問自己：哪些顯而易見地描述了你的風格？哪些讓你心動，即便你的衣櫃尚未完全體現它們？接下來，開始篩選這些觸動你的詞語，決定哪些能夠成為以下三種類別的候選詞。有些人喜歡邊塗鴉邊思考，有些人則會立刻做出選擇，也有人寧可深思熟慮一整週。

無論如何，你都應該一邊檢視你的衣櫃，一邊進行最終的選詞過程。一旦我們曉得如何參閱這份過濾後的清單，以及該注意哪些細節後，就能利用它幫助你找到專屬的風格了。

關鍵詞 No.1

你的「常用款」將定義第一個關鍵詞，我稱之為實用詞。這是你目前的風格註腳，也是你的舒適圈——一個讓你感到自信而自在的地方。仔細觀察你經常穿的衣服，你看到了什麼？把對應這些衣服的詞彙記錄下來，它們的共通點是什麼？有什麼關鍵詞能夠連結它們？如果你依然搞不清楚，也可以拍攝一整週的穿搭，一天一張，再檢查它們的相似之處。什麼樣的關鍵詞能串聯這些特點，用來形成你的風格？

關鍵詞 No.2

這個階段開始振奮人心了。你的第二個關鍵詞，應該充滿願景，指引你邁向我們之前談及的未來。它是一顆帶來啟發的北極星，會推動你向前行。如果說第一個詞代表你的必備單品，是讓你感到輕鬆自如的已知地盤；第二個詞則是星光熠熠的地方，屬於創意、好奇心與蛻變的舞台。

當然，你不必完全按照這個方法來選詞。不過我發現有些人特別鍾愛這些規則，它確實能讓選詞的過程變得更加簡單明瞭。

與安琪拉合作時，她的前兩個選擇非常明顯。只要瞥一眼她的衣櫃，我們就能看出她的前兩個關鍵詞——「浪漫」和「運動」——正是她風格中最顯著的層面。當她意識到自己的上班服和週末休閒服裝不必互相排斥，而是可以和諧共存時，簡直靈光乍現。在那一刻，她發現衣服不再需要壁壘分明，反而可以讓這些看似對立的元素融合在一起，翻轉出新花樣，讓每個造型都能兼納兩種特質。當你不再將衣櫃視為塞滿不同類型或自我的隔間，而是開始思考如何讓個人風格展現於每一種穿搭中（無論身處工作場所、外出晚餐，還是騎車前往下個目的地中），便能擴張更多選擇性。

例如，一件優雅的絲質細肩帶連身裙或簡約的棉質洋裝，可以搭配安琪拉最喜歡的運動鞋，或是用一件 Isabel Marant 的飛行夾克配上褶邊洋裝。透過這樣的混搭，她可以為每一套造型注入個人特質，

比起單純穿上浪漫的鏤空蕾絲襯衫和蛋糕裙，更加生動有趣且稱心。

你不會想讓自己看起來像是直接把櫥窗模特兒的造型買下來般。經由巧妙的混搭法，你的獨特風格才能大放異彩；「三詞法則」能幫助你在挑選鍾愛款式的過程中，更深入了解自己，探索出你與世界的關係。

關鍵詞 No.3

第三個關鍵詞則是提供了一種情感上的對應，描繪你穿著打扮時，期望能觸發的感受。例如「強大」這樣的形容詞，對於某些人來說，或許意味著「色彩繽紛」；但對於其他人，卻可能代表「性感」。「性感」對於不同的人來說，也永遠不會有百分百完全相同的定義。選擇第三個關鍵詞應該是個愉悅的體驗，彷彿一切終於水到渠成，恰到好處地合而為一。如果它尚未帶給你這種感受，也沒關係。有時候，尋找你的第三個詞需要一點時間和調整，直到它至臻完善。

挑選第三個關鍵詞時，我們仔細查看了安琪拉的衣櫃，想像什麼才能真切地反映她的風格，鼓舞她繼續前進。「優雅」近乎合格，甚至「休閒」也成為了候選詞。然而，我們探索了她在日常穿搭中最青睞的元素，最終選擇了「經典」。作為第三個關鍵詞，「經典」不僅幫助安琪拉心裡感到更加安穩，也讓她的造型更具完整感，尤其能在她嘗試新造型的重要時刻，引導她避開過於趨附流行的選項。這個關鍵詞架起「浪漫」和「運動」之間的橋樑，賦予她穿搭風格的連貫性。

每當安琪拉覺得某個造型有些不妥時，便可以對照她的「三詞法則」。例如當她穿上細肩帶連身裙和運動鞋，再搭上飛行夾克，卻發現自己看起來有點太運動風時，就可以捨棄飛行夾克，另選一件經典的西裝外套來降低造型的健身感。如果她的穿搭過於偏向浪漫風——如荷葉邊上衣配絲質裙子，她也能加上運動鞋、飛行夾克或寬鬆的丹寧襯衫以維持平衡。因此，「浪漫」、「運動」和「經典」成為了她的新風格代碼，當某些造型不對勁時，她就可以利用這些關鍵詞作為檢查清單。每一套造型都該或多或少應用這三個元素，綻放獨特魅力。對安琪拉來說，能夠將真實自我與目的性融入她的風格，是一種自由解放。「我終於頓悟了！」我們的諮詢結束後，她傳了訊息給我：「我現在明白，其實不需要把這些主題分開，而是可以結合並開拓出獨一無二的風格，這真的很有趣。」

融洽之道

人們經常選擇不「相襯」甚至是對立的詞語！但這也正是這件事的美妙之處——我們是擁有多重層次的存在，可以同時兼納許多特質。所謂的個人風格，正是誕生自我們所有面向的總和。你可以走巴洛克風，喜愛飾有華麗印花或繁複紋樣的物件，但同時又被極簡風格所深深吸引。若想要瀟灑地彰顯這種特殊組合，不妨選擇一件素雅的高領衫搭配高腰長褲，再加上復古的天鵝絨刺繡披肩、一雙俐落靴子和金色耳環。

如同使用任何工具般，掌握住要竅才能發揮「三詞法則」的最大功效。關鍵在於，不要期望每一件單品都能滿足三個關鍵詞的標準，而是要透過整體造型的疊搭累加，全面地散發你想傳達給世界的能量。因為真正的美感不僅來自於你所選擇的單品，更在於你如何玩出它們之間的化學反應。

關鍵三詞：你的編輯濾鏡

另一種有效運用「三詞法則」的方式，就是把關鍵詞當作篩選工具。它提供你淘汰的準則，協助你放下那些不再適合你或不符合風格的衣服，同時也迫使你以全新且更深層的方式，審視想要為衣櫃增添的元素。當安琪拉以「三詞法則」的濾鏡注視自己的衣櫃時，她意識到自己缺少一些能夠串連所有物件的經典款式。與其瞎猜應該添加什麼，不如更策略性地去搜尋哪些經典單品來完善她的衣櫃。

考量了她的關鍵三詞，安琪拉最後從諸多洋裝中挑選了幾件捐出去。它們是便利的穿著，但稍顯侷限，缺乏創新空間。洋裝雖然非常好看，但穿上一件完整度高的單品，也會縮減混搭和變換風格的空間。透過精簡她的衣櫃，安琪拉創造了構築不同造型的機會，並享受配搭衣服的樂趣。因此她為其他經典且多功能的單品騰出了空間。我

風格詞彙輪

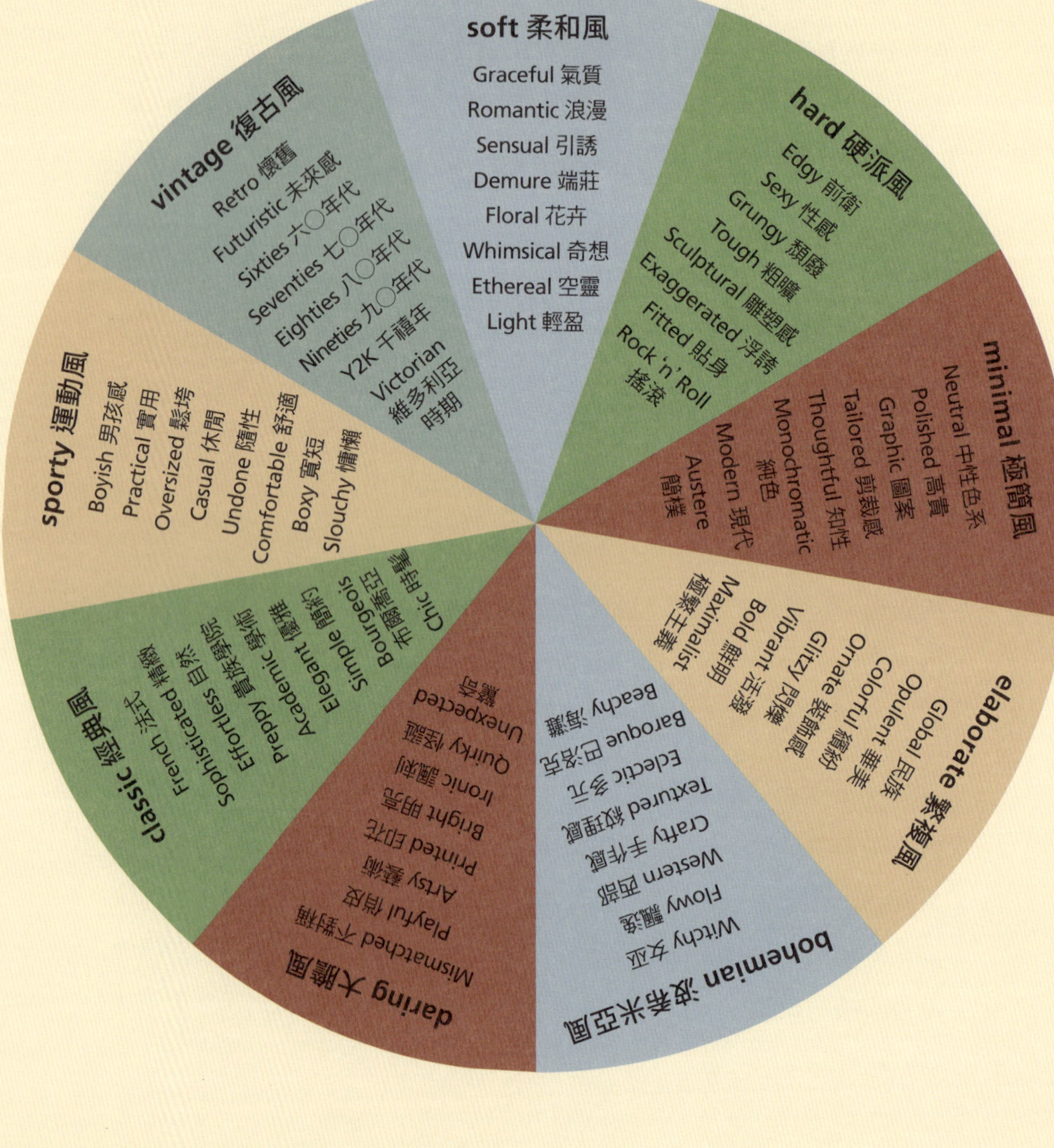
soft 柔和風
Graceful 氣質
Romantic 浪漫
Sensual 引誘
Demure 端莊
Floral 花卉
Whimsical 奇想
Ethereal 空靈
Light 輕盈
hard 硬派風
Edgy 前衛
Sexy 性感
Grungy 頹廢
Tough 粗曠
Sculptural 雕塑感
Exaggerated 浮誇
Fitted 貼身
Rock 'n' Roll 搖滾
minimal 極簡風
Neutral 中性色系
Polished 高貴
Graphic 圖案
Tailored 剪裁感
Thoughtful 知性
Monochromatic 純色
Modern 現代
Austere 簡樸
elaborate 繁複風
Global 民族
Opulent 華美
Colorful 繽紛
Ornate 裝飾感
Glitzy 閃爍
Vibrant 活潑
Bold 鮮明
Maximalist 極繁主義
bohemian 波希米亞風
Beachy 海灘
Baroque 巴洛克
Eclectic 多元
Textured 紋理感
Crafty 手作感
Western 西部
Flowy 飄逸
Witchy 女巫
daring 大膽風
Unexpected 驚奇
Quirky 怪誕
Ironic 諷刺
Bright 明亮
Printed 印花
Artsy 藝術
Playful 俏皮
Mismatched 不對稱
classic 經典風
French 法式
Sophisticated 精緻
Effortless 自然
Preppy 貴族學院
Academic 學術
Elegant 優雅
Simple 簡約
Bourgeois 布爾喬亞
Chic 時髦
sporty 運動風
Boyish 男孩感
Practical 實用
Oversized 鬆垮
Casual 休閒
Undone 隨性
Comfortable 舒適
Boxy 寬短
Slouchy 慵懶
vintage 復古風
Retro 懷舊
Futuristic 未來感
Sixties 六〇年代
Seventies 七〇年代
Eighties 八〇年代
Nineties 九〇年代
Y2K 千禧年
Victorian 維多利亞時期

們找到一條方便洗滌的漂亮絲質長褲，既適合上班時搭配一件簡約T恤和西裝外套，也適用於週末的單車之旅。她還選了一雙格外經典又能呈現運動風和中性氣息的樂福鞋，適時為柔美的造型增添了些許銳利的帥氣，同時也提供了一個比運動鞋看來更正式的替代選項。

最重要的是，自從掌握了她的「三詞法則」，並重新體悟了個人喜好和欲望，以及向世界展現自己的理想方式後，安琪拉終於明白她其實有所選擇——對於服裝語言傳達的訊息，她擁有絕對的掌控權。這是一種強大的感受。她最真實的自我，終於能夠被看見與肯定，她也能更透澈地認識自己。以「三詞法則」為嚮導，她能夠選擇一種以真誠、精心設計且原創的方式來表述自我；不管外在條件如何，她都做得到。

我們經常覺得必須選擇那些安全但平淡無奇的裝扮，才能在工作或是婚禮之類的特定場合穿著得體。不過在「三詞法則」的幫助下，你能夠以真實的樣貌現身。為著不同場合打扮正是考驗關鍵詞的絕佳機會；我曾經好幾次看到客戶為某個活動購買服裝；比起考慮自己的風格或長期的穿著需求，反而屈就於活動本身。儘管配合周遭環境和社會規範很重要，但無論你要前往何處，依然應該要做自己。再以安琪拉為例，我可以輕易為她想像出一套美麗晚裝：一件黑色絲質細肩帶連身裙，類似她日常生活中喜歡穿的款式，再搭配她那狂野的捲髮和經典的紅唇，就能加強展現安琪拉活力充沛與浪漫的天性。我們沒有必要變成別人。

七〇年代＋經典＋優雅＝我的風格？

我總是依靠「三詞法則」迎接新的一天，它們是我的燈塔。若要概括我的個人風格，我會選擇這三個詞：「七〇年代」、「經典」、「優雅」。倘若在我最狂放的時尚學院時期，我也總是傾向經典的款式。如果當時穿了一條乙烯仿皮褲，我就會搭配一件經典的條紋水手衫和復古的雙排釦長大衣。如今，藉由對七〇年代趣味元素的熱情，我為每一件經典單品妝點了個人特色。假如我穿著白T恤配牛仔褲，我會選擇有著七〇年代喇叭剪裁的丹寧褲，或繫上一條懷舊風情的腰帶。同理也延伸到我的美妝習慣。我的長髮本來就符合七〇年代的造型，現在為了加強效果，我會在下睫毛刷上睫毛膏。如此一來，即便只穿著簡約的黑色高領衫和一條 Levi's 牛仔褲，我的整體造型依然保有復古質感和風采。

隨著時間推移，我的第三個關鍵詞不斷地交融與蛻變。但它永遠代表著一個新的目的地，一個我想要遊歷的新方向，為自己保留探索與創造的空間非常重要。由於我平時的穿衣風格相當休閒，思考如何融入更多優雅與精緻的輪廓，對我來說絕對是個刺激的挑戰。過去，我的第三個關鍵詞是「剪裁感」，故訂製西裝特有的銳利肩線和鮮明褶線深得我心，這些元素為我的服裝帶來立體邊界與傳統氣質。最近，我的第三個詞變成了「優雅」。我會利用成熟而優雅的精緻感，

來平衡七〇年代的奔放生命力。舉例來說，如果我想要一件七〇年代風格的飄逸洋裝，我會傾向選購純色或絲質面料。

規則與突破

然而，我的個人風格絕對不僅限於三個關鍵詞，你的也不會只有如此。「三詞法則」只是一種用於導航的錨點，可幫助你前進。任何想要以時尚作為媒介表達真實自我的人，都得以運用這種手法，在廣袤的風格傳統中為自己定位。

一旦完成這一步，你便可以開始觀察並思考其他可能性，想想你的獨特風格該如何不被這些特定詞語侷限，而是超越它們。就像那句老諺語所說：「你得先懂得規則，才能打破規則。」在時尚的世界裡，需要先界定你的「三詞法則」，才能發現你的個人風格還涵蓋了哪些面向。

請記得——這些框架的功能是引導你，而不是限制你，或逼你進入一個僵硬的盒子裡，束縛自由表達。當你感到無所適從或靈感枯竭時，可以依靠「三詞法則」；當你需要呼吸一點新鮮空氣時，也永遠可以選擇打破規則。如果你在過程中卡關了（這種情況難免會發生），我分享一些常見障礙的小技巧供你參考。

「我該怎麼只選三個？」

你並不孤單！我有許多客戶一開始都無法將範圍縮小到三個詞，所以這很正常哦。然而，一旦你減少數量、越接近三個詞，這個任務就會變得越簡單明瞭，因為這精簡的「三詞法則」真的能幫助你提煉個人風格。保持簡潔，不追求過多的詞彙，你才能專注而準確地篩選。不過，如果你還是覺得難以掌握「三詞法則」的概念，也有人傾向使用詞組或組合的用法，例如「法式女孩遇上美式經典」或「安妮．賓（Anine Bing）的搖滾混搭西裝街（The Row[6]）的美學」。很多人會選擇高級設計師作為靈感指引，但這並不代表必須真的穿著那些單品，他們只是熱愛某品牌的風格。比如說，他們可能喜歡安妮．賓品牌的搖滾氛圍和西裝街的極簡樸實，但實際的服裝可能來自古著店或價格比較親民的品牌。

「如果我無法與任何字彙產生共鳴呢？」

沒關係，我懂。

---

6 譯註：品牌名源自倫敦的 Savile Row

靈感之神的啟發

有時候，我們很難清晰地看見自己。如果在挑選三個關鍵詞的過程中需要一點支援，不妨向你最喜歡的時尚偶像尋求靈感。他們的風格有什麼獨特之處？正如你的風格，他們的風格也是不同元素的組合。每當客戶對「三詞法則」感到迷茫，我會問他們：你喜歡哪些人的穿搭？或是你覺得和誰的風格最為契合？接著我們一起找出那位偶像的關鍵三詞。即使別人的關鍵詞組不一定能精確地代表你，但它們仍然可以作為靈感來源——提供你一個更接近目標的出發點。透過拆解與分析他人的標誌性風格，你可以更深入地理解哪些部分與你產生共鳴，以及哪些形容詞最貼近你的衣櫃。

以下提供一些名人範例，幫助你起步：

- 珍・柏金（Jane Birkin）：中性（tomboy）、性感、休閒
- 蘇菲亞・柯波拉（Sofia Coppola）：精緻、經典、知性
- 黛安娜王妃（Princess Diana）：運動、端莊、華美
- 吉米・罕醉克斯（Jimi Hendrix）：裝飾感、大膽、波希米亞
- 蜜雪兒・歐巴馬（Michelle Obama）：鮮明、大膽、高貴
- 小野洋子（Yoko Ono）：剪裁感、俏皮、藝術
- 金・卡戴珊（Kim Kardashian）：浮誇、貼身、雕塑感
- 凱特・摩絲：隨性、俐落（sleek）、復古
- 蕾哈娜：性感、粗曠、運動
- 哈利・史泰爾斯（Harry Styles）：七〇年代、紋理感、剪裁感
- 千黛亞（Zendaya）：高貴、圖案、大膽

求助朋友

如果你覺得卡關，不妨邀請朋友一起進行，使這項練習會變得趣味橫生。你們可以為彼此挑選關鍵詞，或者請朋友幫你過濾龐雜的候選詞彙。有時候當局者迷，或者我們對自己過於苛刻，卻不會這樣對待朋友。因此，打給你的朋友，問問他們會如何形容你的風格；接著，再自問那些詞彙給你什麼感覺。我們太過習慣自己的衣櫃和鏡子中的模樣，往往忘記我們對外界的影響力。從熟悉且關愛你的他人視角來凝視自己，可能會帶來意想不到的啟發。

「如果我喜歡的東西落在關鍵三詞之外呢？」

如果你的「三詞法則」是「七〇年代」、「硬派」和「浪漫」，但某天你突然對一件純白極簡風的緊身連衣裙（sheath dress）一見鍾情。請務必記得，「三詞法則」的目標並不是要嚴苛地批判每一件單品，而是幫助你整合並搭配你所愛的服裝——不論它們是什麼。就算那件簡約的合身連衣裙乍看之下不符合你的關鍵詞，你還是可以將它穿在皮衣裡面，配上一雙硬挺的靴子，瞬間讓它從西裝街的簡約風格搖身一變，變成充滿聖羅蘭（Saint Laurent）的設計感。你的穿搭方式才是美感的真諦。有時候，一個簡單的動作，比如將襯衫衣襬紮進去或將袖子捲起來，就能讓衣服改頭換面，發揮你的個人精神（本書第三部分會討論更多相關內容。）

影像蒐集趣

如果你從未以這種方式整理衣櫃，「三詞法則」的練習可能一時之間會讓你招架不住。但別擔心——有幾個步驟可以幫助你輕鬆適應。如果直接根據現有的衣物來定義自己的風格，或許會有點難度，所以建議不妨先從你喜歡的東西入手，例如創建一個情緒板（mood board），或是在手機上截圖收藏你喜歡的搭配，包括色彩、輪廓、整體造型或特定單品，跟著試圖找出最能描述這些元素的詞語。它們有什麼共同點？十之八九，你會發現某些連貫性。例如，你可能會注意到其中有波希米亞元素、摻雜了一些九〇年代超模的優雅照片，以及率性街頭風格的參考圖。不論你喜歡的是什麼，它們通常融合了幾種吸引你的東西，而不只是單一形象。

即使你現在的衣櫃還無法精確反映出三個詞，也不用著急，總有一天你會達成目標。因此別慌張地把所有東西丟掉！一旦找到能與你產生共鳴並且感到最真實的三個關鍵詞，再回頭檢視衣櫃，看看是否有任何東西符合這些描述。我敢說你一定有的。就算第一眼沒有發現，你也能透過穿搭營造出這些氛圍。如果你的衣櫃看起來偏向休閒，但你想追求更優雅的外型，可以考慮添購幾件關鍵單品，幫助你朝著理想風格邁進——比如，一雙能夠與牛仔褲和 T 恤搭配、瞬間提升造型感的新鞋，或是一件超極俐落的長版夾克，搭配毛衣與運動鞋，便能打造更為優雅的氣質。

靈感與生活碰撞的地方是個特別刺激的交會點，你可能在此發現新的風格途徑。當我與客戶合作時，他們的 Pinterest 收藏透露出各自的喜好和未來想探險的新大陸。我們通常會在圖像中找到隱藏或其實是顯而易見的共通主題，你或許也發現這一點了。例如，是否有某個顏色貫穿了你挑選的圖片？或是某種特定的剪裁？也許你偏愛貼身上衣搭配寬版的下著，或相反地，你喜歡上寬下窄。

當你建構自己的表達方式時，蒐集好那些讓你一見傾心的影像非常有幫助——那些讓你歡呼「就是它！」的圖片具有超級大的潛力，能夠為你帶來魔幻功效。不要畫地自限，盡可能擴大搜尋範圍——例如網羅一些美妝或室內設計的圖片，創造一種整體氛圍感。而影像本身是純粹的資訊，讓你能跳脫自己的衣櫃，看看還有什麼能引起你的共鳴。你的衣櫃如何反映在你最喜歡的影像上呢？也許你挑選的圖片有著大量單寧寬褲，但你的衣櫃裡全是緊身牛仔褲。又或者，你注意到每張照片都洋溢著色彩，而你最近的服裝卻是中性色調。

當你看到某人身上有讓你心動不已的造型時，問問自己：「如果是我，會如何改變這套造型？」仔細觀察，有什麼地方你不太喜歡？這些細節同樣值得注意，因為它們能指引你邁向原創的代表性風格。或許你找到某個精采的造型，但照片中的女性穿著高跟鞋，而你是平底鞋派。這樣的細節能幫助你把影像轉譯為屬於自己的語言。不是依樣畫葫蘆，而是要施以變化，讓它專屬於你。

井然有序的珍藏

你需要將這些寶貴的影像整理得有條不紊，營造出便利性而非混沌感，這樣才能幫你保持專注。你可以將這些圖片分別收藏在不同的 Pinterest 看板或手機資料夾中。你也可以為「三詞法則」建立一個專屬資料夾，鞏固並深入探索那些最能啟發你的能量。又或者，你可以按照單品分門別類，例如建立一個專門放西裝外套的資料夾，再建一個存放丹寧衣物。

除此之外，你亦能根據場合或季節來整理圖片。這並不代表造型靈感只能限定在某個季節，但這麼做可以讓你的篩選更加精準且具策略性。例如我自己有一個命名為「春季」的資料夾，已經在我的手機裡保存了五年以上。我經常添加或刪減裡面的收藏，如今仍有不少照片始終常駐於資料夾中，例如：鄔瑪．舒曼（Uma Thurman）穿著單寧夾克搭配牛仔褲、珍．柏金的全白造型加上黑色西裝外套，或甚至洛．史都華（Rod Stewart）穿著豹紋西裝的圖片。然而，我與這些影像的關係也會隨著生活的起伏而更迭。過去，「春季」資料夾裡有許多盛裝打扮的造型，如今那些高跟鞋和華麗的日間服裝與我的生活脫節了，故風格總是細微地演變著。幾年前，我可能會穿上洛．史都華那豹紋點點的西裝；現在，我會選擇豹紋褲搭配黑色高領衫和俐落的靴子，或者以豹紋西裝外套混搭白色 T 恤和牛仔褲。

面對這些照片，就像整理你的衣櫃一樣——不需要每一季都從零

開始，一次又一次地建立全新的衣櫃；應該在現有的基礎上，進行增補和編輯。每當我感到沉悶，或需要提醒自己哪種風格層面能幫助自己興奮地探索時，我就會參考這些照片。朋友們的穿著或社群媒體上的潮流很容易分散你的注意力，唯有專注自己的靈感來源，才能牽引你回歸本心。

有時候，看著那些百經修圖而逼近完美無瑕的影像，讓人倍感沉重。請記得，蒐集這些照片的初衷是為了啟發自己、服務自己。你才是主導者，不該反被控制住。請以積極的心態看待它們。甚至，如果你看到某張圖片後，立即覺得自己的衣櫃相形見絀，請你挑戰自己：使用現有的衣物來重現那張圖片的感覺或氛圍。或許你無法達到一模一樣的效果——謝天謝地！——但要相信，你創造的版本會更好，因為它專屬於你。保存並策劃那些啟發你的影像，是重拾力量、掌握個人風格和理想形象的方式，同時也影響了你如何吸收、處理媒體資訊，以及對他人外貌的感受。

Part Three

打造你的幸福衣櫃

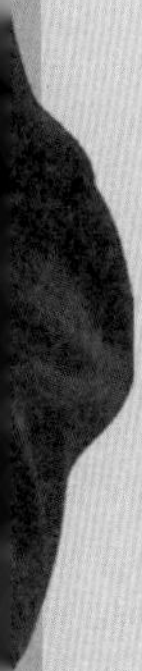

Building
Your
Wellness
Wardrobe

Chapter Seven

我該穿什麼？

What Do
I Wear?

現在，你已經深度審視過個人風格，並在研究所愛之物的過程中，投入了想像力與靈感，是時候認真面對嶄新的自己了。在嘗試新的風格並開始創造新造型時，請務必像是對待摯友般，提供自己善意的支持。而這意味著，你需要練習以全新的角度看待自己。

首先，我們必須承認，當你照鏡子時，難免會看到一些不太想面對的部分。沒錯——並非每一種風格都適合所有體型。站在鏡子前，與其將注意力集中在缺點上，譬如：「太矮」、「太高」、「太大隻」或「曲線太豐滿」，不如像是與朋友共處般，給予自己一份寬容。

在我與客戶合作的過程中，這是一個關鍵的時刻，需要保持開放的心態。批判的聲音可能會不時地浮現，但你可以選擇讓它們飄然離去。正如我們在第一部分清理衣櫃時出現的負面聲音，需要更加關注那些鼓勵我們表達、享受和拓展的聲音，而非被那些扯後腿的雜音束縛。

我的每一位客戶——無論尺寸、體型或者年齡為何——都對自己的身體有不滿意的地方，其實我自己也不例外。這完全正常！但只要你不會耽溺於這些想法，就不成問題。承認負面聲音的存在，但同

時選擇轉向積極面，靈感便能為我們敞開。我曾經有一位客戶非常執著於自己「臀部過高」的看法。她告訴我，因為她的髖骨太高，很多剪裁款式都穿不了；我卻怎麼都看不出來她所謂的「高臀」。然而，不論我建議什麼，她都以這個理由拒絕嘗試。她對自己「高臀」的執念，限制了探索更多可能性的意願。不過，我最終說服她試穿了一些新的款式——她欣然發現結果超乎預期。她之前完全被偏見所困，導致無法想像自己其實也能擁有美好結局，而對於新的想法保持開放的胸懷，也意味著要嚴格把關消極的念頭出現。

Chapter Eight

鏡前心態

What Do I Wear?

鏡前心態是一種以好奇心和善意來面對自我形象的方法。許多人每天的開始與結束都會止在鏡子前，而這是一個絕佳的機會，讓我們能設定一整天的情緒狀態。一日之計在於晨，早上是專注於目標的好時機——設想你今天想要的感受；到了傍晚，你能經由幾次深呼吸，讓感官意識沉澱，允許自己放鬆一天。你的自我觀感很重要，它會導向你願意相信的可能性，以及決定將要追求的事物。當你感到自信時，選擇的範圍會自然擴張。因此，創造一個能讓你受益於自身善念的環境，是一種很好的練習。

以下，我分享了一些我最喜歡的技巧，幫助你懷抱柔軟的好奇心來看待鏡子中的自己，如同我們檢視衣櫃的心態般。（如果你家沒有全身鏡，現在是時候添置一面了！你需要看到自己從頭到腳的完整造型。）

放慢腳步

試穿衣服時，無論嘗試什麼類型的，都不要匆匆套上後便宣稱：「我討厭這件！」這就是為什麼我喜歡網購衣服卻在家試穿的原因──因為身處熟悉自在的環境中，我們就可以慢慢來。然而不管你試穿什麼，請多花幾分鐘適應它。捲起袖子、換一雙鞋，或是嘗試紮進、拉出衣襬。給自己一點機會，仔細端詳你身上的選擇。

舒緩壓力

請寬待自己。我們經常以為新買的東西能馬上改變我們的生活。雖然心愛的衣服確實能夠讓你感覺良好，但它們無法承擔如此重大的期望，而你也可能因此感到失望，甚至灰心喪氣。

情緒的影響力

選擇在心情好的時候試穿衣服。如果你在家，不妨沖個熱水澡或上點妝容再開始。避免在情緒低落時試穿──你可能會不喜歡眼裡的自己。每次生理期來的時候，我都知道那不是試穿的好時機。把握良好的情緒狀態，就可讓你的試穿過程更加順利。

寬以待己

高中時期，我曾在一家高級單寧專賣店打工，並從中學習到形塑個人風格時必要的脆弱與善意。當時店裡販賣所有炙手可熱的品牌，例如眾人之七（7 For All Mankind）、六〇小姐（Miss Sixty）和真實信仰（True Religion）等等。我曾經在過失中學了寶貴的一課，了解應該為顧客提供不同尺寸，並給予他們足夠的試穿時間。我也學會避免向顧客施壓、要求他們試穿完對我展示成果。但每當他們諮詢我的意見時，我始終誠實回應——雖然有一次卻弄巧成拙，我告訴客人她試穿的牛仔褲太貴了，應該等打折再買——哎呀！總之，如果你能將這種互助而細膩的態度應用到鏡子前的個人時光中，你將獲益良多。

尺寸相對論

請注意，雖然標籤上的尺寸提供了一個概略的參考，但它並非放諸四海皆準，不同品牌間往往有所差異。我有一位客戶告訴我，如果試穿了「她的尺寸」卻不合身，她就會認為這件衣服不適合自己。她對於尺寸的概念過於固執，甚至完全沒有想到：如果某衣服不合身，她只需改變試穿大一號或小一號即可。另外也別忘了，裁縫的量身訂製服務可以為你帶來奇蹟般的效果。你能夠客製化任何單品，尤其在你深陷兩難、無法抉擇尺寸的時候。適度的投資，便能擁有一件令你開心地穿好幾年的精品。

我也曾目睹有人以「目標體重」來購物，導致士氣低落。不管是購買唯有最瘦時才穿得下的衣服，或是先買下達到理想體型時便可配得上的好東西，都對現在的自己太不公平了。無論什麼時候，你都值得讓自己過得開開心心、漂漂亮亮。

而且，其實沒有必要擔心尺寸大小。畢竟你的尺寸只有你自己知道——標籤是藏在裡面的。硬擠入不合身的衣服，不僅不舒服，最重要的是不值得。選擇大一號又如何，不該造成你的困擾。我有另一位客戶累積了一堆「正確」尺寸的衣服，但它們根本不合身。我在她的衣櫃門把上掛了一個空布袋。每當她穿上不合身的衣服，就把它放進袋子裡。這樣一來，她不用一口氣清理整個衣櫃，而是可以慢慢清除不適合的物品。隨著那些衣服不再占據她的空間，更衣打扮變得更加簡單而輕鬆。最終，她愛上了那些留在衣櫃裡、真正服貼的衣物，不管標籤上的數字是多少。

我熱愛幫助人們挖掘早已存在衣櫃中的寶藏。不過現在我們已經完成了最艱難的工作，重新連結了我們的時尚靈魂，並學會不讓鏡子作為我們的死敵。接下來，我們即將進入這個過程中最有趣的部分之一，也就是打造專屬於你的「造型手冊」。這個合輯將廣納全新的造型組合，展現最真實的你，並讓你對衣著和生活感到滿腔熱忱。

Chapter Nine

九大萬用單品

The Nine Universal Pieces

九種普遍的常備款，同時能深切地展現個人風格？這個理念雖然聽起來自相矛盾，但我接下來介紹的幾個神級多功能單品，絕對能在你的衣櫃中贏得一席之地，並且強化你的自我展現能力。你一定會嘖嘖稱奇：善用簡單、經典的款式，居然就能為你的時尚天賦提供空白畫布。你搭配它們的方式——無論是添加層次、造型演繹，還是運用你最愛的配飾來昇華一切——都可突顯出你的獨特性，並且讓你穿著適得其所。你永遠不該為了時尚而犧牲真我。因此，當你利用眼光和直覺，尋找這些既完美又真正適合自己的經典單品變奏版本時，耐心非常重要。還記得好幾次我選擇穿上一些衣服，是因為它們能投射出我想要成為的樣子，卻脫離我真正的模樣。即使它們看起來不錯，依然讓我感到不對勁，我根本無法感受到自身的真實感。

這些經典單品之所以萬用，是有其道理的。就像廚房裡的基本食材一樣，它們絕對是每個衣櫃的常備款，能幫助你更輕鬆地拼湊造型，讓你的個人風格熠熠生輝。如果你的衣櫃內有這九種單品，無論是上班、週末，或是與朋友共進晚餐，都可以穿搭自如。我並不認為有適用於每個人的全能配方，或是每個人的衣櫃一定要有個不能沒有的特定單品。但我相信，我們即將鑽研的這些款式是重要的基石，可協助建立一個實用、富含變化的衣櫃。

你的三個關鍵詞會在這段旅程中成為一盞明燈。不過，摸索出你最心儀的搭配組合，可能仍需要一點時間和實驗。舉例來說，我曾經以為自己需要一件白色襯衫，因為它永遠是每份膠囊衣櫃（capsule wardrobe）清單中的基礎備品。最終，我還是屈服於經典，買了一件白襯衫。然而它看起來過於樸素，而且不太適合豐滿的胸型。於是，在我的衣櫃中晾了好一陣子，標籤都沒拆除。每次瞥見它，我都感到惱火和挫敗。照理說白襯衫應該很百搭，為何對我起不了作用呢？過了一段時間我才意識到，或許這件襯衫的硬挺感並不適合我。我想要的是更放鬆、飄逸的款式。所以，當我試穿了一件亞麻材質的白色扣領襯衫時，我感到欣喜若狂，一切都合理了。因此，請耐心地尋找出專屬你的路線，並在必要時放手嘗試不同的款式變化。

雖然選擇最適合你的完美版本很重要，但造型手法也是關鍵要素，能讓你駕馭這些經典單品。再以扣領襯衫為例，我和許多女性們一樣，衣櫃裡總有一件藍白條紋襯衫，但我學會了用自己的方式來詮釋它。比如說，我可能會把它紮進 Levi's 牛仔褲裡，再外搭西裝外套，配上金色飾品；蘇菲亞·柯波拉可能會搭配長褲和芭蕾平底鞋；菲比·費洛（Phoebe Philo）或許會選擇一件 Oversize、不束腰的穿法；而金·卡戴珊可能會將它穿在光滑的緊身連衣褲外。這件條紋襯衫可能適合任何人，但怎麼讓它大放異彩，就取決於我們如何活用「三詞法則」來建立個人風格。

單品解析：必勝衣櫃的攻略

下列幾種單品，絕對值得你帶回家！這些基本款式能隨著你的風格實踐而拓展出無限的可能性。每篇的單品介紹都附帶了九種造型靈感，包括如何將它們融入一些熱門「三詞法則」的穿搭建議。相信我，它們將成為你一輩子的好夥伴。

1. 白色 T 恤（簡稱白 T）

極簡而清新的視覺平衡大師。白色 T 恤能與你的任何一個「三詞法則」和諧共處，它是理想的打底款，能夠為各種造型注入一種從容的休閒感。當某套穿搭看起來過於花俏時，就可以用白色 T 恤作為解方。請切記：沒有一種款式適合所有身形，你可能會碰壁幾次才能找到你的靈魂白 T。把這當成一場尋寶任務吧！有些人喜歡稍微透明的復古風；有些人偏愛更為厚實的棉質布料，既經典又帶有運動感。如果你愛好貼身設計，不妨建議嘗試 T 恤版型的連身衣（T-shirt bodysuit）。若白色不適合你的膚色，不如改試象牙白、奶油白，甚至灰色或黑色——它們也是出眾的選擇。

1. 單穿白 T，配上一些項鍊，打造乾淨簡約的造型。
2. 以白 T 作為內搭品，穿在圓領毛衣下面，這樣的小細節能為你的造型增添深度和立體感。
3. 穿著奢華絲質裙子或長褲時，可運用白 T 添加一抹隨性的元素。混搭棉質和飄逸的絲綢，能為較為正式的服裝營造出放鬆又耐穿的對比感。

4. **經典・運動・前衛**：試著以白 T 搭配皮褲、運動鞋，以及一件寬鬆的丹寧夾克。
5. **波希米亞・活潑・俏皮**：白 T 搭配色彩繽紛的百褶裙、平底涼鞋和斜背包。亦可捲起袖子打造更自然舒活的效果，並將衣服前端紮進裙子。
6. **現代・鬆垮・性感**：選擇一件貼身的白 T，搭配大尺碼西裝外套和修身俐落的褲裝。
7. **蘿倫・赫頓（Lauren Hutton）**會穿上合身白色 T 恤，搭配褲子、男裝風格的黑色皮帶，以及樂福鞋。
8. **柔伊・克拉維茲（Zoë Kravitz）**會以一件較厚的大尺碼白 T 搭配寬鬆長褲，並以厚重的金色圈形耳環和樂福鞋加強造型感。
9. **凱特・摩絲**會將復古輕薄款白 T 搭上黑色緊身牛仔褲、靴子和一件復古軍裝夾克。

2. 扣領襯衫（簡稱襯衫）

無論是丹寧布料、藍白條紋，還是經典的純粹白，扣領襯衫是每一個衣櫃不可或缺的常備衣物——當然也包括你的。我熱愛襯衫的標誌性典雅和具有顛覆性的百變魅力。它是絕佳的層次搭配單品。

挑選你的扣領襯衫

假如這符合你的真實風格，我建議選擇永垂不朽的經典款襯衫。反之，如果傳統襯衫對你來說有點單調，不妨嘗試小圓領、荷葉邊袖口，甚至是頸部有綁帶設計的花俏款。如果棉質不是你的首選，可以選絲綢或緞面材質，它們也適用相同的穿搭法則。由於我喜歡七〇年代的氛圍，一件看起來復古的西部風單寧襯衫對我來說是基本單品。無論你選擇什麼款式，捲起袖子是關鍵。你的扣領襯衫需要一點性格化微調，才能避免看起來呆板制式。袖子捲起來，或簡易地將袖口往上推，都能產生顯著的差別。

1. 稍微解開幾顆鈕扣，展示長短不一的幾條項鍊；或甚至解開更多扣子，露出一點蕾絲內衣，營造若隱若現的性感韻味。
2. 將襯衫敞開穿在 T 恤外，或是內搭合身的背心或連身衣，為造型引進男裝風格，同時提供適度的遮掩。

3. 在度假時帶上一件襯衫，既可作為上衣、外套，也能當好用的海灘遮陽罩衫。

4. **八〇年代・運動・休閒**：嘗試以大尺碼的棉質襯衫搭配高腰長褲。將襯衫紮進褲頭，懷舊氛圍油然而生。接著我會以一雙運動鞋和斜背包來畫龍點睛。或者，如果你更偏好運動風格，可以改搭自行車運動短褲、白襪和運動鞋。

5. **古怪・藝術・繽紛**：挑選一件搶眼的純色棉質襯衫，例如橘色或綠色，下半身搭配印花褲，不要紮進衣襬，打造放克風格的比例。

6. **休閒・鬆垮・紋理感**：試著以寬大的亞麻襯衫，敞開罩在羅紋背心外，這樣富有質地感的同時，也能感覺放鬆又舒適。

7. **哈利・史泰爾斯**會穿一件印花絲質襯衫，搭配喇叭褲。

8. **凱特・密道頓（Kate Middleton，即凱特王妃）**會選擇一件經典的藍白條紋襯衫，搭配海軍藍毛衣、窄管牛仔褲和芭蕾平底鞋，展現出貴族學院派的風範，既休閒又體面。

9. **莎黛（Sadé）**會以單寧襯衫搭配牛仔褲、金色圈形耳環，以及一抹紅色唇妝。

愛惜衣物，長久養護

有許多萬用單品都是衣櫃中的投資項目，它們不一定昂貴，卻具備了長時間陪伴你的耐穿潛力，前提是你得用心保養。

1. **乾洗、蒸氣熨燙，並用黏毛滾輪清理你的西裝外套。**我通常不會頻繁送乾洗，但會在必要時呵護它們，並進行簡單的清理。
2. **單寧衣物不需要每次穿完就清洗。**一般來說會用冷水洗滌，然後自然晾乾。除非你希望單寧布稍微縮水，否則別把它們丟進烘乾機。
3. **購買除毛球石或除毛球機來保養你的毛衣。**這些工具能幫助你清除毛球，讓毛衣保持嶄新。
4. **花點心思使用靴撐**來維持中長靴款的狀態，防止它們在你的鞋櫃裡老化。我最近才開始這麼做，並且獲得顯著的改善。
5. **啟用新鞋前，先把它們送給鞋匠處理**，並為常走的鞋款添加橡膠鞋底。

衣服和鞋子的存在，就是為了被穿、被愛、被好好使用。雖然是消耗品，只要你越是用心照顧它們，就越珍視它們的價值——穿上它們的自我感覺也會更美好。

3. 黑色高領衫

許多人以為黑色高領衫不夠時髦，但這個基本款可以依你所願，變化萬千——一切取決於造型設計。看看那些時尚偶像們的照片，各個都曾穿著俐落雅緻的黑色高領衫——如瑪麗蓮．夢露（Marilyn Monroe）、史蒂夫．賈伯斯（Steve Jobs）、珍妮．傑克遜（Janet Jackson）等等。無論身處哪個年代，這些形象都顯得新穎而摩登。

想想自己會如何搭配高領衫：是單穿還是打底？如果用來當作內搭層次，建議你選擇輕薄舒適的款式，避免挑選過於刺癢或悶熱的材質。我個人偏好使用黑色棉質高領連身衣作為內搭。乍聽之下或許不合理，但對於胸部較豐滿的人來説，選擇連身衣或緊身的高領衫反而更具修飾效果。許多胸部較大的客戶認為寬鬆的版型是首選，但那往往更突顯胸膛的比例，因為衣服到了胸部的位置會直接垂落。你需要一件能貼合曲線的衣服。即使你穿著高領衫外搭西裝外套或毛衣，也應該選擇貼身的款式。相信我。另外，許多人誤以為無法在高領衫上面搭配項鍊——你其實可以，而且應該這麼做。項鍊能為你的風格帶來些許點綴，完善整體視覺效果。

1. **高領衫可以搭配任何下著**：牛仔褲、絲質長褲、印花褲、裙子或短褲等等。

2. 將黑色高領衫穿在西裝外套、襯衫或毛衣下，只露出領口部分，增添造型的貴氣。

3. 高領衫外搭洋裝——例如穿在長袖洋裝內，加上一雙高筒靴，立即切換為時髦的秋季穿搭。

4. **優雅・懷舊・現代**：將高領衫穿在無領夾克內，再搭配牛仔褲來塑造隨性氛圍，但記得選直筒剪裁的合身褲型，維持優雅輪廓。你還可以搭配芭蕾平底鞋和貓眼太陽眼鏡。

5. **澄淨（clean）・經典・休閒**：在寬短的白襯衫下搭配高領衫，再加上垂墜感的寬褲。白色運動鞋則能與白襯衫形成趣味呼應。

6. **實用・層次感・俐落**：將高領衫穿在厚實的針織毛衣內，是個兼具質地感和吸引力的保暖選擇。

7. **黛安・基頓（Diane Keaton）**會穿一件貼身黑色高領衫，搭配寬口牛仔褲、帽子和太陽眼鏡，甚至再繫上一條顯眼的腰帶，上身疊搭扣領襯衫或西裝外套。

8. **奧黛麗・赫本（Audrey Hepburn）**會選擇黑色高領衫搭配無褶西裝褲和芭蕾平底鞋。

9. **娜歐蜜・坎貝兒（Naomi Campbell）**會以黑色高領衫外搭豹紋大衣和一雙漂亮的靴子。

4. 舒適的毛衣

舒服又愜意的毛衣超越了一般服飾的概念，已經是一種跨度的存在。一件你可以隨意搭配的優質毛衣，就像具安全感的小被被一樣，是你在漫長的工作日結束後回家摟摟抱抱的慰藉，也是你可在旅途中攜帶、讓你心安的物品，無論是在飛機上穿著它，還是遠在異地的飯店房間中依偎取暖。每個人都需要一件毛衣作為情感支柱。我自己就有幾件無論什麼情況都愛穿的毛衣。我會把毛衣披在健身服外，或者有時穿著它參加 Zoom 視訊會議。我唯一的要求是：你的舒適毛衣要讓你感覺安全、暖和，並且能穿出門。如果你喜歡圓領毛衣，那就選圓領吧。如果需要另一件高領毛衣，沒問題！或者你偏愛 V 領？當然可以！我不會限制毛衣的顏色、領口設計、材質或版型。我個人偏愛喀什米爾羊絨毛衣，因為它特別柔軟又輕便。如果你想購買新毛衣，請選擇與衣櫃內衣物搭配得宜的顏色。不論是高調搶眼的色彩，還是簡約的中性調，只要確保它的顏色能襯托你現有的衣物即可。

1. 毛衣搭配剪裁精良的褲裝，即可為正式的造型添加柔和感。你也可以將毛衣下襬紮進褲腰。我非常喜歡這種穿法，通常會再搭配牛仔褲和我最愛的西裝外套。對於想要突顯腰線的人來說，身形隱沒在毛衣裡面可能不太討喜。但只要稍微塞進毛衣前擺，就會有造型感，也能將視線吸引到腰部。

2. 我喜歡把舒適的毛衣當作腰帶，綁在需要腰身的洋裝上，讓中線更加明確。或者在搭配西裝外套或風衣時，將毛衣繫在脖子上，增添柔軟的質地感。

3. 毛衣配上緊身褲和長大衣，營造悠閒的下班造型。

4. **浪漫・波希米亞・奢華（luxe）**：選擇版型寬短的高領毛衣，搭配及地長裙，再穿上皮革和膝長靴。

5. **多元・貴族學院・歡樂（joyful）**：試試看經典的麻花針織毛衣，配上動物印花的及地長裙和芭蕾平底鞋。

6. **經典・美式（Americana）・剪裁感**：將毛衣內搭單寧襯衫——記得將袖子往上推，並且讓襯衫的領口微微露出毛衣頂部。

7. **卡羅琳・貝賽特・甘迺迪（Carolyn Bessette-Kennedy）**會穿著舒適毛衣搭配絲質細肩帶連身裙和平底鞋。將毛衣披在性感連身裙的肩膀上，柔化整體造型。

8. **艾里珊・鍾（Alexa Chung）**會以毛衣內搭褶皺波浪邊高領的女裝襯衫，再配上迷你裙和穆勒鞋。

9. **崔西・艾莉斯・羅斯（Tracee Ellis Ross）**會選擇一件色彩大膽的舒適針織毛衣，搭配繽紛的褲子。

5. 西裝外套

如果你還不知道，我現在就告訴你——我是西裝外套的忠實粉絲。一件西裝外套能為你的造型帶來結構感、立體感和一絲硬朗的氣息，無論你的風格為何，它都能讓任何裝束顯得更加高貴。因此為每個人找到合適的西裝外套，成為我的使命！我有一些客戶，多年的職場經驗讓他們對西裝外套產生反感，或者因為不想看起來太企業化，而對穿西裝外套心存疑慮。我完全理解這一點。如要緩解這些顧慮，你可以選擇一些不會讓你感到彷彿困在辦公桌旁的款式，例如有特殊紋理或圖案的西裝外套——千鳥紋、格紋或細條紋等。當然，你可能還是需要一件純色款作為簡約的第二選擇。然而，建議別選黑色，可能會過於嚴肅。我們不妨試試海軍藍、棕色或駝色，這些顏色既百搭又不會太過冷硬。如果你偏愛黑色——永遠的經典款——那麼建議在剪裁上玩點巧思，例如嘗試更長的下擺或更強烈的肩線設計，讓它看起來漸具現代感。

別害怕把你的西裝外套送給專業的裁縫修改。雖然西裝外套有很多優異的二手貨源，但有時它們需要一些調整。即使你身材嬌小，也可以駕馭一件過大的西裝外套。為了避免外套在較小的身形上顯得壓迫，可以請裁縫將袖子裁剪到剛好落在手腕處或略高於手腕的位置。這項簡易的修改能帶來極大的改變，令外套穿起來不再顯得邋遢沒精

神。同樣地，將袖子推高或捲起——露出一點肌膚——也能讓視覺效果更加平衡。

1. 如果你想強調腰線，或者上圍較豐滿，可以將西裝外套敞開，內搭貼身單品（例如連身衣），將視線引導至中線位置。如此一來，哪怕外套的版型較為寬鬆，這樣的搭配也可平衡外型，清爽又好看。
2. 我喜歡將西裝外套視為一件室內外套，不僅適合穿去辦公室，冬天時就算你出門仍需要另外披上一件長大衣或風衣，它亦容易搭配。同樣地，西裝外套讓你在室內空間保持正式又有型的打扮，同時感到舒適而溫暖。
3. 別過於小心翼翼地對待你的西裝外套。可將袖子推高或稍微弄皺一些，留下你的使用痕跡吧。由於西裝外套的結構較為硬挺，有些人穿上後可能會感到拘謹，但掌握你的衣服並以適合自己的方式呈現它，才是最佳方式。
4. **經典・貴族學院・剪裁感**：格紋西裝外套內搭一件高領衫，外搭一件風衣，僅從下方隱約露出外套一角，就能擁有出色造型。如此疊搭經典單品的層次，能夠展現非凡的品味。
5. **運動・極簡・圖案**：以黑色西裝外套搭配黑色自行車運動短褲或緊身褲，再加上一件白T恤和一雙白色襪子、白鞋，營造吸睛的黑白對比。如果穿緊身褲，可以選擇長一點的襪子，讓它稍微包覆褲腳，顯得更有質地感。

6. **華美・飄逸・自然**：把西裝外套披在你最喜歡的洋裝外，賦予飄逸的造型一點結構感。再配上珠寶等，就能成為婚禮、活動場合或夜間尋歡的完美穿搭。
7. **蕾哈娜**會穿一件大尺碼的皮革西裝外套，搭配璀璨奪目的珠寶和皮革長褲。甚至只在裡面穿一件胸罩，如此性感指數飆升。
8. **比利・波特（Billy Porter）**會選擇一件亮色西裝外套，加上一枚有趣的胸針，點燃俏皮而活潑的氣息。
9. **吉米・罕醉克斯**則會穿上一件天鵝絨西裝外套，搭配印花長褲和絲質頸巾。

6. 風衣

沒有其他東西比風衣更能展現出精緻又盛裝的氣質。雖然時尚潮流不斷變遷，讓風衣時而引領浪潮，時而退居其次，但它從未過時。事實上，風衣是個絕佳的平衡要件，它以極簡的時髦感，收斂過於潮流、狂野或太鮮豔的造型；如果你認為風衣有點太古板或傳統，那正是它的迷人之處。風衣強而有力的結構骨架，能夠提供沉穩的對比。然而，使用風衣有一個前提：請選擇經典款式。我建議不要挑選加了一堆流行設計的風衣，這樣才能歷久彌新。除此之外，請記得：以棉質材質和方便清潔為首選條件。你一定不會想要過於嬌貴或繁瑣的款式。

如果經典的卡其色不適合你，可以考慮綠色、海軍藍或黑色。只要剪裁夠經典，就能滿足你的需求。如果你覺得版型太過僵硬，不妨嘗試略帶流動感或垂墜感的版本；但仍然採用經典的卡其色。如果整體的經典風格讓你感到拘束，也可以選擇皮革風衣。這個選擇保留了傳統剪裁，卻多了一些前衛元素。如果你的身材嬌小，建議選擇長度剛好到膝蓋上下的風衣，這樣既能拉長比例，又不至於被風衣淹沒。我知道有些嬌小的女性認為自己無法駕馭風衣，但訣竅在於比例是否掌握得當。同樣道理，身材高挑的人也可以選擇長度到腳踝上方的長版風衣，既能打造出一種帥氣的寬鬆造型，還能保持完美的經典輪廓。

1. 盡情發揮創意，嘗試不同的腰帶和使用方式。腰帶繫法千奇百種。或者，用你自己的酷炫腰帶替代風衣原有的綁帶，增添視覺變化。對於喜歡炫耀腰線的人來說，束腰的設計能讓你備受矚目。

2. 風衣是商務差旅或職場穿搭的理想之選。將風衣披在西裝外套或西裝外層，以這種有趣的手法結合經典單品，不僅有流動性又能平衡剪裁感。

3. 風衣內搭一件單寧夾克，創造好看的層次。

4. **奇想・簡約・性感**：敞開風衣，內搭一條迷人的花卉洋裝，甚至短褲也可以。風衣非常適合搭配性感服裝，賦予造型一點傳統韻味。

5. **七〇年代・自然・高貴**：選擇一件經典的雙排釦風衣，搭上絲質領結女裝襯衫和喇叭牛仔褲。風衣敞開並將腰帶隨意地綁在背後，馬上擁有輕鬆而瀟灑的外型。

6. **粗曠・結構感（structural）・大膽**：試試皮革風衣，或帶有墊肩設計的款式，營造出結構感。甚至可以將腰帶繫得非常緊，誇大比例，強調肩部的力道。

7. **安德烈・里昂・泰利（André Leon Talley）**會把風衣穿在三件式西裝外面，並加上手套與太陽眼鏡。儘管風衣簡單而經典，他也有辦法穿出細膩又舉世無雙的風格。

8. **敏迪・卡靈（Mindy Kaling）**會以風衣搭配印花百褶裙和一件相襯的毛衣，讓傳統風衣展現古怪又俏皮的風格。

9. **賈姬・甘迺迪（Jackie Kennedy）**會選擇搭配高領衫與素雅又苗條的褲裝，再戴上她的招牌太陽眼鏡與絲巾。

7. 丹寧

尋找一條完美的牛仔褲就像找另一半般，可能需要一點時間尋覓，但只要找到對的那一個，就能命定終生。一條優秀的牛仔褲能讓你感覺美好無比，彷彿展現了自己最佳的狀態。我知道試穿成千上萬條失敗的牛仔褲可能令人沮喪，但請做好心理準備，堅持下去，直到找到最適合的為止。我的建議是，嘗試這些丹寧時，多多益善——盡可能多試幾條。無論你的「三詞法則」是什麼，一條讓你愛不釋手的牛仔褲是不可或缺的。

1. 除了最正式的場合，很少有情況不適合穿單寧。如今，設計師甚至會在他們的時裝秀系列融入牛仔褲元素。然而，單寧的穿搭方式大有學問。你可以穿上復古的 Levi's 牛仔褲搭配 T 恤和運動鞋，在公園中漫步；也可以換上時髦的後繫帶跟鞋和絲質襯衫，以同一條褲子出席工作會議。

2. 丹寧能夠彰顯任何造型的休閒感。當它配上亮片外套與高跟鞋時，可讓整體風格更貼近日常生活。

3. 職場中，牛仔褲經過造型妝點，也能顯得尊貴。我喜歡在工作場合搭配西裝外套，並加上一條腰帶作為細節收尾。

4. **美式・經典・貴族學院**：試著以丹寧配丹寧！穿上你的牛仔褲，

配上一件柔軟的青年布（chambray[7]）扣領襯衫和一雙樂福鞋。如果覺得全身丹寧過於強烈，可以在襯衫內加一件白色 T 恤，解開幾顆扣子，或甚至敞開單寧襯衫。這個手法能立即打破過於密集的丹寧元素，緩和同質性。我喜歡搭配顏色相近的單寧衣物，但如果覺得太過一致，也可改穿淺色單寧襯衫配深色牛仔褲。

5. **布爾喬亞．剪裁感．學術**：選擇直筒牛仔褲，搭配挺拔的白色扣領襯衫，再套上一件黑色喀什米爾羊絨毛衣。將襯衫紮進褲頭，只露出衣領，打造出一副幹練的外型。最後再搭配千鳥紋西裝外套和一雙小貓跟短靴，展現端莊典雅的氣質。

6. **潮流（trendy）．亮麗（glam）．運動**：選擇高腰牛仔褲，搭配高領連身衣和皮革飛行夾克。再加上一對金色圈型耳環和厚底靴子便大功告成。

7. **蘇菲亞．柯波拉**會穿高腰直筒牛仔褲和條紋毛衣，以及一雙芭蕾平底鞋。

8. **潘妮．連恩（Penny Lane）**則會秀出她的喇叭牛仔褲，搭配刺繡襯衫、絨毛夾克和一雙鬆糕鞋。

9. **弗蘭．利波維茲（Fran Lebowitz）**選擇一條復古的Levi's牛仔褲，搭配白色扣領襯衫、西裝外套和靴子。

---

7 譯註：類似單寧布的平紋織物，也叫「水手布」

單寧選購指南

腰線應該多高？寬褲適合你嗎？購買牛仔褲時，選擇適合自己的款式最重要。在我撰寫這本書的時候，緊身牛仔褲不再流行。但我不認為這代表你再也不能穿緊身牛仔褲，或許可以趁這個機會，嘗試剪裁修身但不會貼緊腳踝的褲型？誰知道呢，也許你會愛上喇叭褲。我希望人們能穿上他們喜歡並且讓自己容光煥發的衣服，但同時也鼓勵大家勇於嘗試新事物，享受穿搭的樂趣。一步一步來，新的試驗也會變得更容易。慢慢適應，多給自己一些時間。如果你還是喜歡緊身牛仔褲，那也很棒——請繼續穿吧。日月輪替，萬物都有機會回歸潮流。

⑴ **購買牛仔褲時，不妨在家打造一個舒適的單寧試衣間。**把幾種不同的尺寸和款式帶回家，來一場單寧派對。試著搭配你的每件上衣、外套和鞋子，充分了解哪些單寧與你現在的衣櫃最契合。提醒你：退貨的過程很惱人，會消耗你購物的熱情。因此，最好一次性購買所有你感興趣的款式尺寸，方便之後一併退回，免得來回奔波。

⑵ **決定你穿牛仔褲的場合。**你應該擁有幾條非常舒適的牛仔褲。但坦白說，最合身的丹寧通常有點不舒服——因為它們比較緊。不過，儘管它不是你每天都想穿來放鬆的款式，視覺效果卻讓人驚豔。請自行判斷，看你何時何地需要穿上更加服貼、硬挺又性感的款式。通常這並不會是日常造型。

⑶ **尺寸難以捉摸。**有時候，你可能會篤定某件衣服已經很合身了，

但最好還是預備大一碼和小一碼的相同款式，以便比較和對照。沒有人想被卡在一條意外地緊繃或鬆垮到不舒服的牛仔褲裡。如果它是每日穿著，你絕對不希望因為外型或身體的不適而毀掉一整天的心情。

⑷ 我們總是莫名地認為牛仔褲應該一開始就貼合。實際上，許多丹寧都需要修邊幅或量身剪裁。一般來說，如果你的腰細但臀部較寬，建議選擇大一碼，然後請裁縫稍微改小腰圍。一條真正貼身的牛仔褲能讓人心滿意足。

⑸ 檢視你的衣櫃，辨認哪些是你最常穿的上衣。如果你傾向版型寬短、鬆垮或飄逸的上衣，那麼試試看苗條或直筒剪裁的牛仔褲；甚至可以選擇大腿處貼合、褲管稍微擴張的款式。

⑹ 如果你最愛的上衣較為貼身、短版，或者你喜歡連身衣，不妨考慮寬口或是放鬆而提臀的丹寧風格來平衡外型。

⑺ 務必斟酌褲子長度。如果你的個子嬌小，請避免穿著九分褲或更短的款式。牛仔褲最百搭的長度是剛好到踝骨的位置（腳踝最寬的部位）。視線通常會停留在褲子的尾端，如果褲管在腳踝以上就停止，你的腿看起來會顯得更短。保持視線的流暢，可以營造出好看的修長線條。無論你的身高如何，選擇高腰且長至地面（或至少到踝骨）的喇叭牛仔褲，都能讓雙腿看起來長得登天。

⑻ 如果你擁有短軀幹、長腿的比例，則可以選擇中腰或甚至低腰的款式，來平衡你的身形。

8. 長褲

長褲既時髦又舒適，就像風衣一樣，有時會位居時尚的顛峰，有時則可能退流行。然而，它們總能為你的造型注入一抹成熟的態度。就算你的「三詞法則」中有「俏皮」或「波希米亞」，長褲仍能有所發揮——尤其在你需要一點嚴肅感的場合中；畢竟，當你的長褲越低調而理性，其他單品的俏皮和趣味性就越突出。你可能不會每天都穿長褲，但它絕對能為你的衣櫃帶來豐富的變化。

你可以投資一些不需要每次穿完就送去乾洗的長褲。你也能找看看優質的古著或二手長褲。雖然它們通常需要再修改，但不如將這筆花費視為一種投資，尤其當它們是你在二手店裡幸運挖到的寶貝時。為了縮小篩選範圍，我會依照自己對牛仔褲的偏好作為選擇的指標。假設你喜歡窄管牛仔褲，那你可以從剪裁貼身的長褲開始挑選。記得瀏覽一下你的衣櫃，確保你喜歡的長褲能輕鬆配合已有的單品，讓你能以全新的方式穿搭你最愛的衣物。

1. 在你不知道穿什麼的時候，長褲是個非常可靠的選擇。長褲搭配黑色高領衫和精美的配飾，就能打造超級俐落的時髦造型，幾乎適用於任何場合。

2. 經典的前打褶寬褲，不管搭配 T 恤和運動鞋，或是背心與厚底涼鞋，都能展現驚人魅力。

3. 如果是工作場合，不妨將長褲搭配扣領襯衫或絲質女裝襯衫，也可以外搭一件西裝外套，創造更為正式的套裝外型。

4. **海灘．簡約．驚奇：**選擇一條有前打褶設計且低腰的亞麻長褲，展現放鬆、慵懶的度假風情。再搭配一雙勃肯鞋、貼身羅紋背心，以及一些串珠飾品。

5. **同色系（tonal）．空靈．慵懶：**試試駝色長褲與淺棕色喀什米爾羊絨毛衣，搭配麂皮平底鞋和一個隨性的流浪包。

6. **前衛．女巫．西部：**挑選一條高腰苗條的黑色長褲，搭配一件透膚絲質雪紡襯衫和麂皮腰帶。（請想像赫迪．斯萊曼／Hedi Slimane 擔任創意總監時期的聖羅蘭風格。）

7. **凱瑟琳．赫本（Katharine Hepburn）**會穿高腰寬褲與扣領襯衫，展現男裝風格。

8. **菲比．費洛**會穿著海軍藍的休閒寬褲，搭配灰色圓領毛衣、潔淨的白色運動鞋，另外綁起低馬尾，打造極簡而清爽的造型。

9. **碧安卡．傑格（Bianca Jagger）**會選擇白色喇叭長褲，搭配貼身的背心和一雙鬆糕鞋。

紮衣技巧一把罩

前紮，或如譚．法蘭斯（Tan France）所稱的「法式半紮法」（French tuck），幾乎適用於所有穿搭。簡單來説，就是只將T恤前擺稍微塞進褲子的腰帶裡。根據經驗之談，如果穿牛仔褲的話，只需將下擺一部分束進前方兩個皮帶環之間。若是沒有皮帶環，則以裙子或長褲的腰部中心為基準。這樣看起來有些不拘小節，不會過於刻意。別擔心完美與否，相信自己——以及你的審美眼光。

客製化的小心機

並非每個人都知道如何與裁縫合作，但把衣服交給專業人士調整，讓他們為你量身訂製專屬的版型，將全面升級你的風格樣貌！以下，是我與專家們合作的獨門祕方，可幫助你進行造型改革，獲得稱心如意的合身輪廓。

⑴ **當你把長褲送到裁縫店時，可多帶幾雙不同高度的鞋子。**這樣裁縫師就能根據鞋子的高度調整褲長，讓它既能搭上高跟鞋，也能配上平底鞋。最終，理想的褲長會介於兩者之間。搭配平底鞋或涼鞋時，褲子尾端應該要剛好輕輕擦過地面。褲腳在腳踝處稍微垂落堆疊，也能呈現好看的鬆弛感。搭配高跟鞋時，褲長應該縮短一點，但仍需完全遮住腳踝，理想情況是剛好覆蓋腳背的頂端。

⑵ **替換西裝外套和大衣的扣子。**這是一個讓古著或二手單品更有現代感的好方法。

⑶ **如果覺得夾克或西裝外套太大件或是過於寬短**，可以請裁縫將袖子調整到手腕處。這樣能讓版型看起來別具匠心，而非顯得邋遢。

⑷ 如果你喜歡扣領襯衫，但覺得有些款式全扣的話太拘謹，有些少扣幾顆又容易走光，會不小心露出胸罩，那麼你可以**在鈕扣之間加上隱形鉤扣**，這樣你就能營造輕鬆開放又不會過於露骨的造型。

9. 腰帶

腰帶是最後的神來一筆。就像禮物上的蝴蝶結般，具有畫龍點睛的元素。腰帶能以最省力的方式，讓幾乎所有外型瞬間更有設計感。它能昇華最基礎的組合，讓所有單品交融為一體，整合視覺風格。許多顧客對於使用腰帶感到猶豫，因為他們擔心視線會集中在腰部，或是讓他們的「小肚腩」更加突兀。事實並非如此！但我完全理解這種擔憂。

上衣束進褲子裡，吸引注意力到自己不特別喜歡的部位，的確可能讓人彆扭。但其實腰帶能夠幫你修飾出好看的輪廓。如果你只是讓襯衫隨意垂落，再配上沒有繫皮帶的牛仔褲，衣襬會在視覺上把你一分為二，身體彷彿被截斷。而紮進襯衫、繫上腰帶，則能形成更流暢且精心設計的線條感，而非生硬的切割。關鍵在於達成恰到好處的平衡。單單只是戴上腰帶，就能讓你更精緻有型。這個額外的小配件能讓穿搭美學進化到新的境界，你將會訝異於這個小物品竟能帶來如此大的改變。

1. 腰帶是為造型增加亮點的好幫手——但它不一定得色彩鮮豔才能引人注目。你可以使用黑色腰帶混搭全白的造型，營造強烈的對比，或選擇褐色及皮革棕腰帶搭配全黑的服裝，以中性色彩來達到平衡。即使你選擇黑色皮帶搭配全黑的造型，腰帶的質地和五金細節也能發揮襯托功能。

2. 腰帶還能讓你的前紮穿法更有目的性。只需將上衣或毛衣的前擺束進扣環後方，像是在展示腰帶，就能讓你的紮法效果更顯著，而且簡單又有型。舉例來說，你也可以將絲質襯衫紮進腰帶後，避免膨脹感，又能打破冗長的線條，展示你的腰部。

3. 我也很愛利用腰帶來強調大衣、夾克或洋裝的腰身。如果你穿著一件鬆弛的夾克，但偏好合身的剪裁，可以用腰帶營造腰線，或是至少塑造出腰部的假象。腰帶可以改變單品的輪廓，讓它呈現出全新的形狀。你也可以將大衣或綁帶洋裝原本附的腰帶替換成皮帶，打造截然不同的風格。

4. 編織腰帶的用途廣泛，因此你可以根據自己的腰圍或臀圍調整，將扣針插入任何一個編織環中。

5. 我喜歡用較為厚重或帶有男裝風格的腰帶，來搭配一些質地較輕盈、柔軟的單品。

6. 如果你配戴一條五金細節較為搶眼的腰帶，它會彷彿首飾一樣，為整體造型添上一抹光澤感。

7. **黛安娜王妃**會運用麂皮腰帶搭配高腰牛仔褲和白色扣領襯衫。綜合幾款萬用單品，打造經典而簡約的造型。

8. **伊曼紐爾·奧特（Emmanuelle Alt）**會利用一條裝飾些許金屬的腰帶，大膽詮釋修身皮革長褲。為了以軟性元素平衡這種銳利感，她會搭配一件 T 恤、西裝外套，以及一雙尖頭小貓跟鞋。

9. **蜜雪兒·歐巴馬**經常利用腰帶點綴她的西裝外套或洋裝，創造迷人的輪廓線條。

以愛妝點的飾界

配件永遠不是多餘的——它們是表達個人風格的核心，讓你有機會將性格元素真正融入每一套穿搭中。關於配件，我大概可以寫一整本書來講解，但在這裡，我想先分享幾個幫助我運用配件的基本觀念：

⑴ 珠寶與腰帶具有龐大的影響力。即便只是加上一些配飾，也能讓你的造型傳達出「我有精心打扮！」的暗示。

⑵ 考量配件的紋理，例如金屬或布料等材質，觀察它們如何為你的造型帶來新意。

⑶ **襪子**可以為你的外型添加一抹色彩和驚喜感。

⑷ **圍巾就是要舒舒服服的**，永遠不該太過貴重。如果戴圍巾讓你感到有些緊張，不如選擇一個風險較低的場合，鼓勵自己突破舒適圈。

⑸ **太陽眼鏡超有個性。**準備三副不同風格的太陽眼鏡，各自對應你的「三詞法則」，它們就能迅速平衡任何造型。

⑹ **配戴珠寶能提供你的造型一個貫穿的主題**，幫助你每天的風格脈絡維持一致性和個人特色。

⑺ **我喜歡選擇「不正確」的鞋子**，也就是那些不那麼符合預期的款式。鞋子是造型的成敗關鍵，如果你總是選擇最普通或基本的樣式，那麼整體造型就會顯得，呃……乏善可陳。我經常嘗試一些衝撞習慣框架的鞋款，它們能讓你的外型改頭換面。

⑻ **包款也是如此。**你可以用包包來締造平衡感或是張力。如果你的穿搭多走男裝風格，不妨搭配一個淑女風的手提袋來打破單一感。如果你的外型輪廓強烈而立體，也許更適合挑選一個較為放鬆的包款。

多發動創造力，玩味這些意想不到的細節。

Part Four

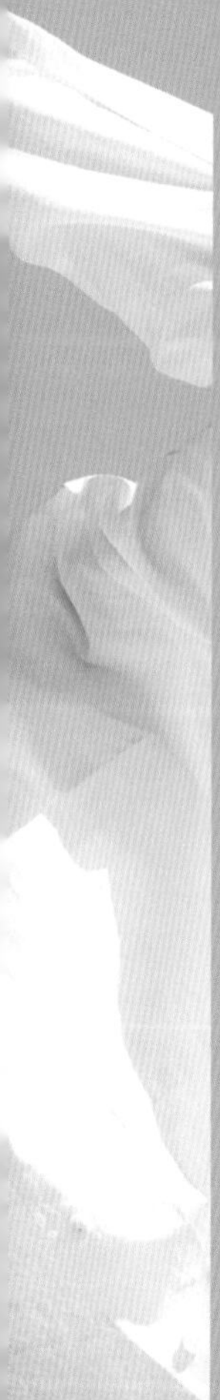

愉快的更衣儀式

Make Dressing a Joyful Ritual

Chapter Ten

如何創立新造型？

How Do I Create a New Look?

雖然有些人可能會質疑我目前提出的一些日常實踐，但我保證，這些簡單的習慣確實得以轉化你的每一天。我親眼見證客戶一次又一次經歷這些蛻變，而你也做得到。到目前為止，我們善用「AB 衣櫃精選系統」，藉由區分「常用款」、「再見款」和「潛力款」，整頓衣櫃；我們也發現了屬於你的「三詞法則」，並且使用「九大萬用單品」來重塑你的衣櫃。本章將抵達這個過程的終點，我們會實驗如何以「打底單品」和「穿搭公式」作為框架，透過一系列微妙的變化，創造出全新的造型。

這些技巧不僅能幫助你減輕穿著打扮的壓力，更棒的是，它們能改變你與衣櫃共處的時光，使之成為培養創造力與自我關懷的契機。你不需要每天穿上全新的東西，也不需要重新發明個人風格，只要找到能讓你感到自信、強大並忠於自我的搭配即可。另外，沿途中不妨來點突破和擴展！

我之所以熱愛計劃、編排和創造新外型，不僅是因為延伸創意很好玩，也因為它讓生活變得更輕鬆。簡化過程、制定策略並且消除決策疲勞，都是讓生活更加便利的上上之策。

從你最喜歡的單品開始，以它們為基礎，一旦你有可以依靠的穩固穿搭習慣，就能逐漸走出你的舒適圈。除了實用性的考量，建立造型也是一種樂趣。釋放你的創意，別對自己太過嚴苛。給自己一點時間去嘗試，先別有太多預期結果或目標。隨興翻轉新花樣，如果不合適也沒關係，這些實驗結果都是你可以再利用的資訊。試穿那些最瘋狂的組合，看看效果如何。請記得：不要有壓力。如果你發現自己總是回歸同一種穿搭，也沒有問題。對於你熟悉的東西保持一致性和認知不是壞事，反而是一種優勢。如果你仍然想挑戰自己，那就穿上你平時的選擇，但改變其中一件單品。不必徹底改頭換面；一些小變化就足以讓你感到興奮和自信，進而走得更遠。接下來，我會分享一些方法來建立一個支持你的體系，幫助你遠離混亂。

Chapter Eleven

敲定「打底款」
&
尋找「穿搭公式」

Covering
Your Bases &
Finding Your
Formulas

「打底款」是你在穿搭之前的第一層衣服——也就是造型的骨架。它可能是牛仔褲和 T 恤，也可能是一件洋裝，或是以毛衣搭配長褲。我之前在「九大萬用單品」章節中（請參見第 118 頁）介紹了我最喜歡的「打底款」，但你可能有其他喜愛的單品可以作為基礎，尤其是你的「常用款」。一旦辨別你的「打底款」，你便能清楚地看到每一件單品能衍生出無數的變化。我們將以你的「打底款」為核心，創建一些方便的實用組合——也就是你的「穿搭公式」。

這個概念其實很容易理解，想想那些時尚偶像，例如黛安・基頓或史蒂薇・妮克絲（Stevie Nicks），她們的造型都極具辨識度。基頓的代表性「穿搭公式」通常包含幾個元素——寬褲、緊身高領衫，搭配襯衫式外套或西裝外套，再加上一件有趣的配飾，例如帽子或圍巾。妮克絲則會以腰帶作為她最喜歡的飄逸洋裝以增加結構感和曲線。堅守你熱愛的事物，並以它們作為造型的基礎，就能找到你的「穿搭公式」。每一天都可以盡情玩味，在這些公式中混入屬於你的性格表現。

接下來，我們來參考我的客戶嘉柏麗（Gabrielle）如何找到她的「打底款」與「穿搭公式」的，且創造出全新的造型。嘉柏麗居住在華盛頓特區，從事政府工作，經常出差；她是一位終身學習者，非常認真地看待我們的每一場諮詢——她總是希望能了解背後的「為什麼」。

嘉柏麗生活繁忙，幾乎沒有時間為穿搭煩惱，尤其在早晨，而你可能也像她一樣。在我們合作之前，她的衣櫃堆積成山的衣物，但大多數都未穿過。透過衣櫃編選的過程，我們鎖定了嘉柏麗真正喜歡並且能讓她感到雀躍的單品。我們也運用她的三個關鍵詞——「實用」、「浮誇」、「剪裁感」——讓她的衣櫃至臻完善，添置了一批新的必備品（例如堅挺的扣領襯衫，以及用來搭配其他細緻單品的首飾）。下一步，就是她要來學會享受的部分——建立新的造型。

為了幫嘉柏麗找到她的「打底款」，我讓她換上最常穿的工作服，那通常是一件扣領襯衫搭配 Rag & Bone 的窄管褲，這就是她的第一套「打底款」——也就是添加外套、珠寶或其他配件之前的造型骨架。搞定「打底款」後，我們可以加上其他單品，創造出不同的版本，設計出自己的「穿搭公式」。例如，她的「打底款」包含扣領襯衫和長褲，於是我們打造的其中一套公式就是：**扣領襯衫＋長褲＋西裝外套＋樂福鞋**。

接著，我們以她最喜歡的絲質襯衫取代了扣領襯衫，締造出第二套「打底款」，然後按照相同流程，拍下不同組合的照片紀錄。我們逐步探索所有她喜愛的上班服裝，一次改變一項細節。可以想見，我們最終得到了豐富多樣的造型相簿，亦涵蓋那些屢試不爽的外型組合，過程中也有不少新發現。隨後，我們轉戰週末穿搭，從使用率最高的最愛牛仔褲和條紋水手風T恤開始，再以夾克、西裝外套和扣領襯衫進行「穿搭公式」的變奏。

嘉柏麗的「穿搭公式」包括：「扣領襯衫＋窄管褲」、「女裝襯衫＋窄管褲」、「毛衣＋窄管褲」、「毛衣＋寬褲」、「女裝襯衫＋牛仔褲」、「扣領襯衫＋牛仔褲」。我們嘗試將這些公式與不同的夾克、鞋子和配件進行排列組合，結果大豐收。有一些組合更符合她的「三詞法則」。嘉柏麗可以利用我們拍攝的影像合輯，規劃每週穿搭或是準備商務旅行的行李。她感到如釋重負，彷彿大腦多出了自由空間，可以專注在其他事情上。

當嘉柏麗開始再次為了工作出差時，我們為她設計了一些萬無一失的公式，包括在飛機上的穿搭。現在，每當她接到新的差旅任務，她就可以將全部精力投注在工作上，因為她無需擔憂該打包什麼、穿什麼衣服。如果在機場偶遇客戶，也能確信自己看起來體面又精神飽滿。這種安心感是無價的──既帶來了真正的內心平靜，也是一種自我照顧的美好呈現。

自從嘉柏麗開始提前規劃造型，並投資一些時間展現自我以後，她收穫了許多讚美。她對造型的用心顯而易見，即使只是穿著簡單的

襯衫和長褲，仍煥發著內在的力量和自信，同事和朋友們也對這種能量的轉變給予積極的回應。他們的肯定又啟發她試驗新的搭配，更加大膽地創新。記憶猶新，我們剛合作時，她對於亮白色扣領襯衫與奶油色長褲的組合感到遲疑，認為此「配色不對勁」，但現在的她已能像專家一樣得心應手地混搭中性色調！她的週末服裝同樣經過精心考量。

你也能遵循我和嘉柏麗進行的這個流程。一旦你定義了「打底款」並建立「穿搭公式」後，你就可以施展變化。假設你最喜歡的組合是：**T 恤＋西裝外套＋牛仔褲**，那麼你可以嘗試以不同的手法詮釋這個公式，比如挑戰有圖案或繽紛的 T 恤，或者改穿不同風格的牛仔褲。

老實說，我們有時候真的沒時間去考慮穿什麼。我經常重複穿某個造型的變化版；在我看來，重複性的服裝反而是一種展現自信與熟稔個人風格的跡象。畢竟，如果你總是在改變自己的審美標準，代表你尚未與真我連結！一旦找到適合自己的公式，就會反覆使用並創造各種變異款。例如，夏天的時候我喜歡穿絲質長褲搭配背心。但我會藉由替換不同款式的背心，或者加上一雙厚底涼鞋，來加強造型的硬朗感。我也可以選擇一雙小貓跟鞋和西裝外套，讓整體氛圍更加正式。這些的穿搭不停演變——請承諾自己，每次買完新的戰利品後，多花幾分鐘嘗試各種組合並拍照，把它交織在你最喜歡的「穿搭公式」和外型中。

造型手冊

在打扮的過程中，拍下你的造型。我經常建議客戶將頭部裁掉，這樣他們就不會太挑剔或批判自己。然而，有時我還是會把臉部留在畫面中，因為這提醒了我當時試穿的美好感受（且好到想拍照記錄！）。照片的價值不僅在於可以幫助你提前規劃，也能讓你發現不適合的單品。或許你有某件上衣總是與其他東西格格不入的感覺，且你在資料夾中看到鐵證如山的照片時，就知道是時候把它淘汰並捐贈給其他人。我可能會誤認為某件衣服非常適合自己，但如果我從未敢把它穿出家門，很顯然一定是哪裡出了問題。

百搭不厭的撇步

當你覺得好像無衣可穿時，歡迎應用下列的快速解決方案：

翻閱圖庫：理想搭配的第一步永遠是參見你的造型手冊。挑選一個你從未試過的造型。

整舊如新：穿上昨天的衣著，但改變其中一項單品。如果昨天穿的是牛仔褲加 T 恤，試試同樣的「打底款」，但加入一個新配件。也可以替換成黑色牛仔褲，或者將 T 恤換成背心。

獵取靈感：從你的情緒板（請參見第 100 頁〈影像蒐集趣〉）中挑選一個造型，並嘗試以現有的單品重現它；我經常這麼做，用相似的氛圍或「穿搭公式」來重新演繹情緒板中的穿搭。就算最終的成果往往是比較自由的詮釋，但這種創造過程充滿樂趣，又能在我靈感枯竭時激發出動力。關於模仿的提醒：當我們不忠於自我，且試圖複製貼上別人的形象，或者當我們不經「三詞法則」過濾就借鑑他人的美學時，創造新造型變得枯燥乏味。這種行為最終只會導致心生不滿，冒出「我沒有對的衣服能穿」的內在聲音。你絕對可以找到方法，讓喜歡的造型變成屬於自己的樣子！別放棄，也不要輕易妥協。

足下生輝：鞋款是塑造個人風格的絕佳途徑，效果絕對讓你嘖嘖稱奇。挑選一套你鍾愛的裝束，然後換上一雙風格懸殊的鞋子。這種改造方式簡單卻影響深遠，尤其當你大膽嘗試那些你以為「不搭」的鞋款，或是選擇那些出其不意的冒險款時，造型感絕對瞬間升級。

深度分析

我非常喜歡回顧自己的照片，仔細琢磨為什麼某些造型不奏效。失敗的原因是關鍵。我有幾位客戶每天都會拍下他們的穿搭照——即便他們不喜歡當天的造型——這麼做能提供我們大量足以分析的資料。其中一位客戶在尋找適合自己身形比例的服裝時，面臨了選擇困難；於是她將所有照片分成了兩個資料夾——「成功」和「不太成功」。在「成功」資料夾中，她把讓她感到滿意的搭配分組，列出這些成功造型的共同特徵。藉由這個過程，我們發現她特別喜愛高領又低背的上衣，高腰剪裁的褲子也讓她滿意。我們完美地提煉出這些元素，也觀察了那些不夠理想的照片，推敲未來應該避免的款式，稍微調整並重新搭配造型，讓它們更符合她的身材比例。

每週的時尚預演

我喜歡每週至少抽出二十分鐘，計劃並試穿下一週的造型。事實上，這項習慣的重要性不亞於我們之前所做的一切，甚至有過之而不及。你無法想像我聽過多少人以「我沒時間」當作藉口，但這個準備工作其實能夠幫助你為下一週節省時間，是你能送給自己的禮物。我敢打賭，如果你願意嘗試，這個每週儀式將會成為一段充滿創意和冒險精神的時光，讓你懷抱著期待並徜徉其中。我知道提前規劃一整週的穿搭，甚至包括週日去逛農夫市集的衣著，可能聽起來有點瘋狂。但這麼做的好處在於，每天早晨醒來時，你知道自己有好好地寵愛自己：準備一套能讓你感覺良好的造型，是一種驕傲感，且可體現在生活中你所做的每一件事上。

我通常會將這段時間安排在禮拜日傍晚後，當時臉上還維持著妝容，讓我試穿的每一件衣服感覺起來更加美好。如果我覺得自己不夠迷人，就很難喜歡試穿的任何造型——所以這點對我來說大有幫助。為了充分利用這段時間，請允許它變得更奢侈一點。營造氛圍，點燃一支蠟燭，開啟你的情緒板，播放一些音樂或是一場電視節目，這是一個絕佳的時機，瀏覽那些啟發你的圖像，從中汲取一些指引。

無拘無束

你的每週試穿時光是自由發揮的好機會。除了你已經記錄並儲存在手機裡的造型以外，你也能放膽試穿一些從未嘗試過的款式，或是為你常穿的衣服加上些新的配件。你的衣櫃是一個安全的空間，可讓你盡情實驗和分析結果，你也會因此更加信心飽滿。你正在邁向穿著心滿意足的好日子——而且是每天喔！這種感覺可不會在時間緊迫、匆忙出門的情況下出現。當嘉柏麗養成事先預備每週穿搭的習慣時，她的創造力也隨之迸發。她拆解了一套灰色人字紋西裝，為褲子搭配一件新的奶油色雙排扣西裝外套和黑色高領衫。之後，她又換上一件黑色西裝外套。我相信她非常喜歡自己現在的模樣，不僅如此，她也熱愛那種對於個人風格的掌控感，並且以持續拓展的方式，熟成、展現真實的自我。

Chapter Twelve

生活儀式感：重設你的日常公事

Everyday Rituals: Your Daily Routine Reenvisioned

現在，多虧自己盡心盡力投入這個過程，而擁有豐富而觸手可及的造型選擇，也完成最實際的功課。接下來，你要實踐的日常練習，就是在準備迎接新的一天時，陶醉在那甜美的片刻。這種感覺多麼地爽快啊！許多人一想到早上起床得決定穿什麼就頭疼，不管是因為選項過於乏味，還是因為穿起來不舒服或覺得「不夠好」，光是重新定義你對於穿著的觀感，就能開始移轉這種沉重感，為這段時光樹立一些溫柔的支柱，把它從消耗能量的瑣事變成鼓勵你表現自我的儀式。首先，問問自己：「今天我想要什麼樣的感覺？」服裝帶來的感受是基礎，也是最重要的擇衣準則。即便你本來可能已經計劃好要穿什麼，但此時此刻，那個選擇是否還能符合你的心境呢？

舒活慢穿搭

我建議每天早上預留二十分鐘來選擇衣服。切忌匆匆忙忙，讓一切順其自然地運轉。我保證，一個平靜的早晨能對你整日的情緒帶來深遠的影響。我喜歡在淋浴後披上浴袍，將計劃要換穿的衣服鋪在床上。這是一個簡單、或許不必要的步驟，但它為我的一天定下基調。我們總是生活忙碌，面臨混亂的早晨可能性很高；但當我們越能放慢腳步，就越有機會擁有美好的一天。不妨試著將這段時間視為「值得享受」的奢侈時光，而不是「不得不做」的任務？

我有一些客戶因為調整每天更衣時的態度，而改善了早晨的節奏，並且立即體驗到漣漪效應。他們開始吃得更健康、更加呵護自己的身體和家庭。好的習慣能激發無數正向的改變。

聖壇、靈感與實踐

當你為即將到來的一週做準備，或是正要展開你的早晨、迎接新的一天時，有一些小舉動可以幫助你穩固願景，並與自己建立更深層的連結。你的更衣空間是一個創意場域，你可以設置一個小聖壇，幫

助你專注於自己的意圖，建立「三詞法則」的視覺化呈現，凝結靈感，提醒你自己是誰、喜歡什麼，以及希望與世界分享什麼。我看過有些人用啟發人心的圖像拼貼出美麗的曼陀羅。一張拍立得照片可能得以概括你想要的。將平面圖片或拼貼作品與蠟燭或鮮花等賞心悅目的東西並置，創造美好氛圍。用你的想像力渲染整個空間。我希望這種對於自我和個人時間的尊崇能浸透你的靈魂，成為你的一部分。你也能隨心所欲地更新周圍的布置。當你開始感到索然無味時，就換上新的圖像。

你可以持續添加靈感，列印截圖或從雜誌中剪下照片，將它們交疊在一起，就像一個不斷進化的願景板。提醒自己，什麼對你來說是重要的？你想要什麼感覺，希望怎麼在這個世界中前行？什麼能讓你感到被看見、被支持，並且保持在正軌上？

就像瑜伽課使用的梵咒一樣，聖壇空間能幫助你安定，進入當下的狀態。當你將靈感以實體方式呈現時，你就不必依賴手機了。我曾經在衣櫃裡放一張凳子，上面擺著一根蠟燭和幾張被我印出來的照片——一些非常明確、且能引發靈感的視覺圖像，幫助我維持專注。蠟燭則是用來提點自己，我非常幸運能夠擁有這樣的特權，享受放縱的時刻。

環境調色盤

做任何能讓你進入最佳心境的事情。我喜歡在早上一邊享用飲品，一邊播放讓我放鬆的音樂。與其試圖讓自己亢奮起來、將注意力投向外界，我更喜歡向內觀照，在忙碌的日子開始前，盡可能地沉浸在一片祥和之中。這讓我有空間專注於自己想要什麼感受，以及如何使用衣著呈顯出這個渴望。我會瀏覽那些啟發性的照片，尋求一些指引，也會翻閱我的造型手冊（請參見第 172 頁）來斟酌我的選擇。

全天候的穿搭術

當我需要為充滿不同需求的日子挑選衣服時，我總會先思考當天最後的行程安排，再向前推敲。如果我下班後有晚餐計劃，我會想像自己在那個地點能感到舒適的服裝，然後反向設計出符合全天的造型。通常，我會利用洋蔥穿搭或加上一件外套來實現這個目標（對我來說，幾乎總是西裝外套）。儘管過去有許多手法蔚為風潮，可透過改變配件來實現「從辦公桌到晚餐」或「日夜交替」的切換，但實際上，沒有人真的願意這麼做。在我最喜歡的「穿搭公式」之中，有一些能輕鬆應付多種場合，例如：**西裝外套＋ T 恤＋牛仔褲配腰帶＋優雅的平底鞋**。這個組合適用於工作和外出晚餐；如果需要提升格調，我也會戴上一條絲巾或一些珠寶來增色——但我會整天都穿著這套造型，這樣就不需要隨身攜帶額外的配件。同樣地，**毛衣＋ T 恤＋長褲＋靴子**也很適合用於工作會議，如果需要調整，我可以隨時脫下毛衣，將它繫在脖子上。

巧搭鞋包，靈活轉換

就算有造型手冊作為參考，我在打扮時也並非一次就能選對。有時候，我需要嘗試不同的外套和包款等等，包括鞋子。我經常在出門前試穿兩、三雙鞋，因為鞋子能徹底轉變你的造型。我也從中學到，有時最意想不到的鞋款反而效果最好。因此，多試幾次是值得的。同樣地，我也常更換包包，它對整體造型的影響也不容小覷。雖然頻繁地整理包包裡的內容物，可能讓人望之卻步，但我會把錢包、鑰匙和口紅放在一個小皮革袋裡，然後直接轉移這個收納袋就好。這樣一來，我總是可以攜帶所有必備物品，而且能輕鬆又快速地更替包包。強烈推薦這個好方法。

準備出門

每天早上我會在離家前把試穿後的衣物歸回原位，如此一來，當我結束一整天的工作，回到家後不用面對一片狼藉。我也會在穿戴完畢和出門之前，多預留一些時間，讓我有機會發現哪裡看起來或感覺起來不對勁，並能及時調整。切記，自信和舒適感能形塑你的意識狀態。這些步驟或許聽起來有點龜毛，但很快地它們會變成習慣——而且你也能受益無窮。

片刻的寧靜

在你離開更衣空間、正式上工之前，給鏡子中的自己最後一次長久而充滿愛意的凝視。如果你平時有使用自我肯定語，或是支持身心靈健康的冥想咒語，現在正是施展它們的時候。如果你有什麼願望，或是對這一天有所期許，就把這份祝福送給自己吧。你只需要一次緩慢的吸氣與吐氣，就能帶來一種完整感，進入預備狀態，讓你的一日之始朝著正確的方向展開。

一旦穿戴整齊並完成晨間的例行流程後，我感到自己已全面準備好，迎向新的一天了。我的心境沉穩，並且覺察著身上衣著如何影響我的感受——那是最重要的——此外，我也清楚自己的造型向外界傳遞了什麼訊息。這是一個我親手打造、傳導獨特能量和自信的契機。

Part Five

耀眼風格的漣漪效應

The Flow-On Effect of Fabulous Style

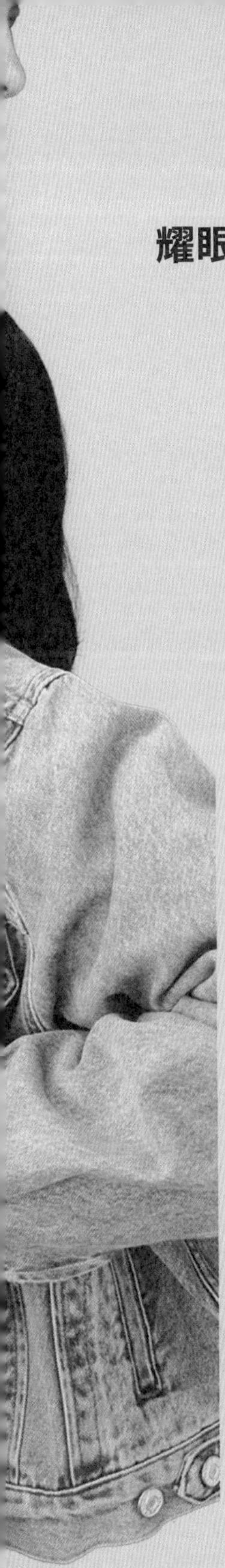

Chapter Thirteen

隨心穿搭的連動力

Dressing with Ease

隨著這段旅程接近尾聲，我們已準備好運行你所累積的非凡動能，讓你的穿搭方式帶來連鎖反應。從最深的層面而言，發現你的風格是認識自己的一種路徑，透過清晰地理解個人喜好和背後原因，時尚便可以成為內在自我的外在顯化。隨著時間推移，你能夠熟練地將自我轉譯成各服裝語言，而這種流暢性會延伸到生活的其他領域——無論是你的溝通方式、決策過程，還是給自己的願景。而這種潛力能觸及生活中的各個領域：職業、情感關係，以及幸福感。當我們有能力對不適合或無益的事物說「不」，並對熱愛的事物說「好」，我們的信心會日漸強壯。

有時候，只需一個簡單的心態轉變。還記得我在第六章提到的客戶安琪拉嗎？她把自己對浪漫和運動風的喜愛融合成一種渾然天成的個人風格。我得以見證她的生活環境不僅具一致性，日常生活也多了新的樂趣，這些均圍繞著她的漣漪效應讓人著迷。透過梳理她的「三詞法則」，安琪拉成功整合了房中看似矛盾的美學元素。她的居家辦公室偏向簡樸、現代的風格，但她不喜歡待在那裡，家裡的其他空間則充滿了波希米亞風的溫暖層次和質感。於是我們發現她傾向「物以類聚」的擺設——波希米亞風格的放在一起，簡樸風格的另歸一處。然而，當她開始擁抱自己的直覺動態並嘗試混搭後，她的真實風格逐漸浮現。她開始在居家辦公室中放置了更多溫暖的元素，其他空間也培養出溫馨與簡練兼具的氛圍。她開始喜歡待在辦公室裡，而這也反映在她的工作表現上。

我們的合作也為她的美妝造型提供了全新的視野。安琪拉擁有濃密的自然波浪捲深色秀髮，平常習慣披散下來，略帶點隨性和狂野。同時，她的護膚之道卻是大費周章——她熱愛保養肌膚，購買的化妝品也都價值不菲。當我們見面時，她為這兩個看似矛盾的特質感到困擾。然而，藉由調整她的衣櫃，安琪拉得到了寶貴的觀點重塑——她明白頭髮和妝容的對比實際上創造了一種平衡。她允許自己在夜晚盡情享受面膜，並跳過髮捲的步驟。這個簡單而新穎的視角讓她更加樂於嘗試其他可能性——如果哪天她決定梳起髮妝，則可能會搭配裸色唇膏，平衡出更真切的感覺。

模式切換

我也見識過另一種的衣櫃實踐為客戶帶來的驚人影響，也就是心理上的微妙轉變。例如，你可以運用衣櫃來重設工作與生活的平衡，透過簡單的下班換裝儀式向潛意識傳達訊號，告訴自己是時候該好好放鬆了。

我們之中有許多人在職場上需要穿得比日常生活更為正式得體。我總會想起父親，在我成長的過程中，他每天回家後都會說：「等我一下，我先換上休閒服。」對他而言，脫下扣領襯衫和卡其褲，換上T 恤和牛仔褲，標誌著一天的結束。儘管你的工作服該反映你的專業和自我，但回到家時，你需要一種更深層的舒適感。

職場變色龍

許多人都欣然地接受了辦公室變得更加休閒的趨勢，但這同時也讓不少女性面臨進退維谷的尷尬處境，她們必須在親和與專業之間取得平衡。我們都希望被認真對待，卻又不想顯得過於刻板——尤其是如果你的同事和主管都穿著牛仔褲和連帽運動衫上班。我有一些科技業的客戶希望自己看起來夠「酷」又不至於邋遢；我們都希望贏得尊重，同時又避免過於盛裝。我們渴望表現出個人風格，但又不想要僅僅因為外型而獲得他人認可。這些取捨可能讓人感到疲乏。

這正是你「三詞法則」派上用場的地方。在打造你的全方位衣櫃時，關鍵在於保持一致性，無論身處何地——辦公室、與朋友的悠閒晚餐，或是參加一場特殊活動——你都能感覺像是自己。與其分別準備「職場衣櫃」和「日常衣櫃」，「三詞法則」能幫助你拚湊出從容自在的風格。當你感覺良好時，你的效率會提高，表現也會更加出色！

居家辦公

我始終堅持全身打扮的原則，不允許例外；因為時尚與身心靈的幸福息息相關，穿著一件筆挺的襯衫卻搭配破舊的運動褲來進行視訊會議，完全違背這個理念。你要的是提升內在感受，而不只是假裝。

因此，即使是在家工作並維持放鬆狀態，我也提倡全身裝扮並穿上鞋子的習慣。舉例來說，我在進行工作通話時，會穿上一雙拖鞋式涼鞋，因為我需要感到腳踏實地，而不是彷彿慵懶地躺在沙發上。從頭到腳都穿戴整齊，能讓你的身心靈明白現在是專注的時刻。即使你的工作地點在臥室，也應該穿上與睡衣不同的服裝。我們的潛意識會自環境中接收暗示：不管你的晨間通勤是幾英里還是幾步之遙，營造日常能量轉換對健康有益。

另外，如同我提供諮詢給那些在辦公室工作的客戶一樣，我也建議居家辦公的客戶製作一份收納各種變化的造型手冊。如果你穿束口褲，可以搭配一件品質好的喀什米爾羊絨毛衣、可愛的白襪和白色運動鞋；或者搭配白色 T 恤或黑色高領衫，以及平底鞋；這些小細節居然產生很大的影響力。

我在家工作，喜歡穿戴一件可愛的扣領襯衫、珠寶和最愛的緊身褲。找到一條質感升級的緊身褲絕對值得——但不能選健身用的款

式。它們不一定很昂貴，但最好不是運動裝備。而黑色高領衫外搭運動衫，也能成為非常酷的居家辦公造型。

如果你像我的許多客戶一樣是居家辦公的新手，請以嶄新的視野檢查衣櫃裡的舊工作服，並清除那些你不再穿的衣物，你會感到豁然開朗。或許是時候淘汰那件以前穿去辦公室的黑色 Theory 直筒洋裝。你還喜歡它嗎？願意在週末穿嗎？答案通常是否定的。有些客戶甚至意識到，這條黑色直筒洋裝還會觸發負面情緒！曾經，女性覺得自己必須購買這種辦公室服飾——當時的她們想法並沒有錯。但如今文化已經改變了。那些窄版西裝、直筒洋裝和鉛筆褲可能已經不再是你參加面試的首選（取而代之，大家現在也許更傾向穿絲質襯衫搭配西裝外套和長褲）。時代已經不同了，如果你不再喜歡那些曾經必要的上班服裝，敬請安心讓它去吧。

有些舊的工作服其實可以重新搭配——例如，將你喜歡的辦公長褲結合 T 恤和運動鞋，或者在進行 Zoom 通話時，再披上一件西裝外套。許多客戶都有辦公室專用的絲質襯衫。與其將它們搭配上西裝褲，不如嘗試改搭高腰牛仔褲和靴子。

隨時隨地，風格不打烊

在一些日常的過渡時段，比如接孩子、去一趟超商，或在從健身房回家的路上，擁有幾套可以信賴的造型選擇，會讓你感覺特別舒心。無論身處何地，你始終是你自己。因此，打造幾個讓你在百忙之中依然精神奕奕又沉穩的簡易「穿搭公式」，將大有裨益，既能節省時間，也能體現你的風格。

以下是我最喜歡的三種不敗搭配，適用於任何時間地點：

1. **喀什米爾羊絨毛衣＋緊身褲＋風衣＋樂福鞋或運動鞋。**你也可以用牛仔褲或自行車運動短褲來取代緊身褲。風衣提供整體風格更精緻的細節。
2. **扣領襯衫＋緊身褲＋樂福鞋。**襯衫為經典的緊身褲造型增添了結構感和正式儀容。
3. **舒服的毛衣＋牛仔褲＋腰帶。**腰帶是關鍵——我保證，光是穿上柔軟的針織衫和你最愛的牛仔褲，感覺肯定無敵美好；此時如果再加上一條腰帶，效果更加無與倫比。柔軟的毛衣與造型的結構形成了對照，呈現出協調的風格。如果天氣非常寒冷，可以在裡面加一件高領衫；如果只是稍有涼意，就內搭一件白 T 恤。

居家時光

當你準備好放鬆地看電視或是與家人共處時，我強烈推薦穿上一套優質的睡衣──無論是來自連鎖店傑仕聯盟（J. Crew）還是設計師品牌，它們都能讓你感到舒服愜意。然而，休閒的居家時光並不等於穿著有污漬的T恤、破洞的運動褲，或者被你剪成背心的舊連身衣。你值得更好的。準備三套高質感的睡衣就能提供綽綽有餘的選擇──如在溫暖的月分中採用舒適的棉質或絲質款；在冬季，則可以套上羅紋或針織睡褲，搭配起居專用的復古T恤。

平底鞋，絕對是神隊友

「舒適感」是我每場造型會議的關鍵目標之一，對於那些曾經為了「美麗」受苦的女性，如今正在捐贈她們的高跟鞋，並尋找替代品──一雙看起來精緻又不會夾腳趾、不會讓足弓在一整天工作結束後感到酸痛的鞋款。

我的建議是，為你的外型添加一雙品質好而美觀的平底鞋，它不僅是個實用且必要的選擇，也是時尚的重要元素。我曾為一位出色的女性導演進行造型指導，首先討論的就是舒適性。她為電影處女作的巡迴記者會緊張不已，因此我們馬上決定她的每一套造型都必須讓她充滿自信。這意味著她不能為了胸罩肩帶跑位或是繁瑣的服裝剪裁而提心吊膽，更重要的是，她不能因為鞋子不舒服而焦慮。儘管一雙華麗的高跟鞋能讓人感到強大，但穿上一雙舒適的鞋子，能讓你站得安穩、神態自若，隱約展現內在力量。她絕不希望自己在接受採訪時，因腳上的水泡而痛苦不堪，無法專注分享那備受矚目的新作。

平底鞋之戀

參考你的衣櫃、情緒板和「三詞法則」，評估哪種平底鞋最適合你。通常，簡單而經典的款式就能滿足你的需求（至於我呢，我是樂福鞋的忠實擁護者）。

芭蕾平底鞋散發出法式女孩的性感魅力，是個有趣的選項。芭蕾平底鞋的搭配潛力無窮，可搭配上高腰 Levi's 牛仔褲或是單寧裁切短褲。即使你平時不會選擇這種過於端莊的女性化風格——也或許正因為如此！——芭蕾平底鞋能為你的造型增添一種細膩、永不過時的元素。

如果某雙鞋在店裡試穿就不舒服了，那麼它在日常生活中也不會舒服。沒錯，有些鞋子需要多穿幾次才能服貼，但千萬不要為了美麗或不浪費錢而硬要假裝鞋子合腳。你無法想像我有多少客戶最後送走那些第一天穿就咬腳的平底鞋。

運用色彩繽紛或有材質紋理的襪子可讓你的造型更具個性。即使襪子只在你坐下時若隱若現，但它們仍然是提升品味的小祕訣之一。無論有沒有人注意到，這些可愛的細節都能讓造型更具完整感且忠於自我。

穿上平底鞋，也是一種進而擁抱自我的機會。如果你的身材嬌小，過去總是穿上高跟鞋讓自己看起來更高，不妨把握這個探索的機會，拋開「需要增高」的概念，接受自己最真實的體型。這樣的自信蘊含著無限能量。

凌波微步。不管你穿什麼，平底鞋都能帶來截然不同的感覺，甚至能改變過去那些你用高跟鞋來搭配的造型。它們傳遞出一種輕鬆自在的氛圍，同時又充滿力量且賦予你信心。

Chapter Fourteen

為幸福採買

Shopping for Wellness

我們一同踏上這旅程，各方面都是為了打造一個更加永續的衣櫃。最環保的選擇永遠是我所謂的「衣櫃採購原則」，即用你已擁有的單品創造全新造型。

然而，隨著你越來越熟悉個人風格，了解自己是誰、喜歡什麼，你也會越來越清楚自己真正需要及不需要的東西，你的購物決策會變得更有條理。你買的永遠是必需品。無論是昂貴的投資還是 Zara 的平價單品，都遵循同一個原則：你帶回家的每一件物品都能讓你愛不釋手、迫不及待地穿上。你不再感到困惑，也不再買回那些明明不適合自己、最後掛在衣櫃裡連吊牌都沒拆的衣物。

願望清單

減少決策疲勞，能夠最佳化購物的效率。當我們面臨太多選擇，容易感到無所適從。這就是為什麼你每一次採買回家後，可能發現自己又帶回和衣櫃內某襯衫相同的衣物。你的大腦已經過載了。減少決策疲勞最好的方法，是常備一份願望清單。當你看到喜歡的東西時，就把它加入願望清單，或是截圖做紀錄。然後問自己下列問題，它們能幫助你決定是否要購買。透過這些問題提前篩選，等你實際開始購物時——不管是實體店面還是網購——你的清單已經變得更加精簡，只包含那些你真正考慮入手的物品了。

確認購買前，應該詢問自己這些問題：

1. 當我看到自己穿上這件單品時，能否感到由內而外、從頭到腳的肯定？
2. 它能否讓穿搭過程變得更輕鬆？
3. 我是否已經擁有一件相同功能的衣物？如果有，什麼情況下我會穿上這個新品，而非已擁有的那件？
4. 為了添購這件新品，我願意捨棄衣櫃中的某個物品嗎？
5. 為了穿上它，我需要購買其他東西嗎？（例如，它是否需要搭配目前鞋櫃裡沒有的特定鞋款，之後還得再添購？）

6. 它是否適合我的風格，或者我只是喜歡別人穿上它的樣子？它符合我的「三詞法則」嗎？
7. 我能想像自己明年還會穿這件單品嗎？
8. 如果不買它，我會後悔嗎？我的母親稱之為「未買家懊悔」（non-buyer's remorse），這個問題真的能幫助你確定是否該下手。

折扣狂潮

我超級愛折扣！但購物時最大的失策，通常來自於只因為打折而衝動購買某件商品。我經常看到這種情況發生，而我自己也犯下夠多的錯誤，深知買回家以後發現無法搭配或不喜歡這堆戰利品的挫敗感。歷經慘痛經驗，我從中學到：僅僅因為某件商品價格划算就買下，並不能代表它就屬於我的衣櫃。這就是為什麼我會維持一份願望清單並逆向操作，等待那些我真正感興趣的東西降價的夢幻時刻，而不是漫無目的地瀏覽折扣商品。還有一點很重要：如果你在某件物品原價時就沒有興趣，那麼折扣後你大概也不會真的想要它。把折扣視為一個額外的獎勵，當你真正心儀的商品打折時，購物的心情會更甜美。

節省一筆，還是奢侈一下？

以下是一些幫助你精明消費的技巧與策略。

當你確定喜歡某件商品但它的價格令你卻步時，試著問自己：「如果它現在不流行，我還會想買嗎？」有時，即便是最經典的單品也會隨著潮流起伏。但若某件物品不再是熱門討論的時尚寵兒，你仍然願意穿，那麼它就值得投資；即使潮流改變，你在下一季、甚至明年都還會繼續使用它。

另外一提，其實值得多花一點錢在能讓造型大放異彩的單品上，比如一款極品手拿包或一件漂亮的大衣，這類單品的回饋值都很高；即便你只穿著T恤和緊身褲，加上一個好看的包包，整體造型就能升級。決定大花一筆之前，我喜歡自問：「它的品質是否為其價值的一部分？」例如，對於一件白色T恤來說，答案是否定的──它只是純棉製成，簡單樸實，不需要特別奢華就能發揮它的價值。但對於一只精美的包包來說，質感是其價格的重要組成，是讓它獨特而你需要支付高額的原因之一。

與客戶合作的過程中，我觀察到：當他們的人生進入某個新階段，開始想買更高級的東西時，就會感到不安。你可能剛被一份高薪工作錄取，或是獲得大幅的加薪。如果你長期習慣快時尚，現在終於解鎖新的狀態，可以為自己的選擇感到驕傲，並為造型做出投資時，這個轉變尤其能為你帶來力量。當然，擁有更多的預算並不意味著你非花不可。慢慢來。即使預算增加，你依然可以做出良好的決策，只選擇那些你真正熱愛的物品。

再者，投資在量身剪裁的服務上，也是我推薦的另一種消費策略。現在，你幾乎可以在任何地方買到牛仔褲——一件丹寧要三百美元的時代已經過去了。不過，多花一點錢請裁縫修改、讓你的牛仔褲完美合身仍是值得的，即使這條牛仔褲只是從 Gap 買來也一樣。

然而，最重要的是：如果這些消費讓你備感壓力，那就代表衣櫃並沒有為你的幸福健康做出貢獻，這時我們需要稍微退後一步。內心的寧靜是這段旅程中最重要的部分。享受穿衣打扮的樂趣，並將時尚作為表現自我和深入理解自己的方式，這個過程會在你一生中持續綻放。如果你感覺很糟糕，還花大錢買了一堆自己無法負擔的東西，那就背離了正確的方向了。

莫急莫慌

當你規劃採買日時，只須盡力完成自己可以接受的份量，避免過度勉強。如果你很容易在購物和試穿時耗盡耐心，請誠實面對並考量這一點。萬一你在購物時感到疲倦、煩躁，或者只想趕緊買完離開，

流行與永恆

以下三個問題，可以幫助你判斷購買的物品是經得起時間考驗的永恆款？還是稍縱即逝的潮流？你需要明確分辨自己購買的東西是計劃要穿很久的投資品，還是追逐一時的流行趨勢。

詢問自己：

1. 我去年是否想穿這件商品？
2. 我明年還會想穿它嗎？
3. 如果這件單品十年後再次流行，我會想拿出這一件再次使用嗎？還是會想要買一件新的，或是換件升級版？我們實際上正在為自己鑄造專屬的復古風格！我非常喜歡這個概念：我們可以安心保留那些真的願意再次使用的衣物。

一件永恆的單品不一定是昂貴的投資——舉例來說，CONVERSE帆布鞋可以是一種永恆款。但十年後，如果你想再次穿上CONVERSE牌的鞋子，你還會選擇今天買的這雙嗎？「永恆」不一定等於「經典」。一件極其蓬鬆的羊羔毛皮大衣或許永恆不敗，但不一定是經典；當然，衣櫃裡也不需要每一件物品都是永恆款。這樣的衣櫃可能會顯得單調無聊，無法讓你充分展現個性。這些問題的解答是非常個人化的！如何定義「永恆」，完全由你主張。

那麼你很可能會做出不明智的決定。

有幾次，我也會覺得如果已經在商店待這麼長的時間，不買點什麼似乎不適合。但其實你完全沒有這個義務。當你逛街時，可能會進入一種恍惚行走的狀態；一旦你走出商店，才會赫然驚醒——要不是意識到自己其實沒那麼喜歡那些東西，要不則是突然發現：「欸，我其實很喜歡那件上衣！」我從祖母那裡學到了一個購物技巧。小時候，我們很愛一起逛商場，總是先挑選喜歡的貨品，然後按兵不動，去吃頓午餐或是喝杯星冰樂。之後，我們再回去試穿，確認是否真的想買。為自己保留一些空間和時間，購物體驗也會更加過癮。

在心理諮商中，你會學到做決定時，給自己空間和時間非常重要。老實說，簡單的一句：「我先想一想，之後再回覆你」就改變了我的生活。不管你需要多久都沒關係。你可以將購物作為實踐這項習慣的場合，協助你全面的成長。

血拚好麻吉

我和我老公都心知肚明，我們兩個不適合一起逛街。我喜歡觸摸每樣東西，在店裡多繞幾圈來熟悉環境；但他的耐心有限，不是跟得太近，就是乾脆在外面等，害我有被催趕的壓力。如果帶著小孩，或是和讓我感到匆忙的人購物，也會有相同的狀況。話雖如此，我還是很喜歡和信任的朋友一起逛街，他們會陪我從容不迫地挑選。無論你和誰在一起，首先必須對自己有所承諾——別讓任何人說服你購買那些不喜歡或不需要的東西。我有一位朋友非常有趣且善於鼓勵我，她經常溫柔地帶我走出舒適圈——但每當我和她一起購物時，我就知道必須聽從自己的直覺。如果你愛與某位朋友一起血拼，但他們剛好沒空，也可以拍下你試穿新發現的照片，傳給他們參考。但請記得確認自己的感受。如果你發照片是因為拿不定主意，那可能表示你其實沒那麼愛它。當我需要詢問別人的意見時，通常是因為我內心沒有百分百的肯定感。上述情況也適用於店員。大部分店員都很專業，不會試圖推銷給你看起來糟糕的選擇，但他們並不知道你家裡已經有什麼，也不如你了解自己。所以，慢下腳步，寧可多花一點時間，記得永遠忠於自己。

整裝出發

採買時，你應該感到愜意。在家試穿新買的衣物或準備出門購物時，我會確保裡面穿著一副好胸罩。我建議找一件能夠搭配大多數服裝的內衣，並且確保它合身。基礎內搭是造型的重要組成，對你的感受也有很大的影響。好的內衣褲和胸罩絕對值得投資，雖然只有自己知道它們的存在，但穿上喜歡的內著，能夠為心情大大加分。

我去購物時，通常會喜歡穿上自己最愛的牛仔褲和 T 恤，因為我買的東西大多要能與這兩件單品搭配。基本上，當你穿上自己喜歡又舒適的衣服時，不僅能減少一些挑選商品時的臆測，還能設立一個標準：如果試穿的衣物不如我身上的這套好看，我就不需要它。這種方法能夠讓你做出成功的購物決策。

實體 vs. 線上

在實體店裡瀏覽、親手觸摸、試穿並親眼看到商品，是一種無可取代的樂趣。這樣更容易判斷自己是否真的喜歡某件物品——我發現，有時候在網路上渴望、喜愛的東西，看到實品後卻提不起興趣。實體購物也有缺點，那就是當我們好不容易抵達店面，可能會在心中形成一股壓力，覺得「必須買點什麼」才不虛此行。

線上購物的優勢之一是你能看到商品的搭配方式。我建議你從中蒐集靈感，但不要被限制，運用你的「三詞法則」和想像力突破任何

既定概念的侷限。舉例來說，如果你看到某件女裝襯衫的造型範例是搭配破洞牛仔褲和木底鞋，但你不喜歡波希米亞風格，可能無法想像這件襯衫要如何融入自己的衣櫃中。但如果你很喜歡這件女裝襯衫，則可以試著構思如何用自己的方式呈現，讓它符合你的「三詞法則」。

逛實體店面時，我喜歡隨意閒晃；但線上購物時，我的目標會非常明確，因為選擇實在太多了，各式各樣的商品推陳出新，零售商也層出不窮地推出。我們會產生一種追求新鮮感的欲望。這也是為什麼我取消訂閱大部分的電子郵件行銷，只保留少數幾個最愛品牌的通知——畢竟人心難以抵擋行銷策略的誘惑。

即時滿足感

我享受購物的其中一個方式，就是迫不及待地穿上新買的戰利品！我從小就有這個習慣。小時候和奶奶逛街時，我會請店員直接剪掉吊牌，然後現場換上新衣，把原本身上的衣服放進購物袋裡。我買的東西都是我全心全意想穿的。正因如此，我不推薦採買非當季的衣物。如果你在冬天買了一件夏季洋裝，它得默默躺在衣櫃裡好幾個月，等到夏天來臨，你可能已經看到膩了，甚至很有可能永遠不想穿它。如果你買了非當季的衣服，而且可能和我有類似的反應，建議先把它收起來，藏匿於視線之外，並設置日曆提醒，等時機成熟就拿出來穿上。

時尚靈魂嚮導

購物時，我經常召喚最喜歡的兩位靈魂嚮導同行——珍．柏金（Jane Birkin）和碧安卡．傑格。這兩位迷人的風格偶像曾引領我挑選出一些最愛的單品。當你對某件候選商品猶豫不決，需要測驗自己的直覺時，這種方法特別有幫助。如果我拿不定主意，我會問自己：「珍．柏金會買這件嗎？」此外，我也會混搭哈利．史泰爾斯和賴瑞．大衛的風格（Larry David）——一點調皮樂趣，同時又有些安全保守。

我的客戶安琪拉的時尚靈魂嚮導是《Vogue》法國版編輯伊曼紐爾．奧特，她擅長以荷葉邊襯衫搭配皮褲和運動鞋，展現出追求的浪漫運動風。當你參考某位強大的偶像形象作為指引，你的方向感和可能性也會變得更加清晰。正如你運用「三詞法則」的方式，呼喚靈魂嚮導的力量能幫助先你停下腳步、設立願景，並掌握更明確的意圖。

Chapter Fifteen

生命的伸展台：穿出真實自我

Showing Up as Yourself

無論從哪種角度切入，所謂的「風格」，就是以獨一無二的方式表達自己。而每天早上你都有一次這樣的機會，讓換衣服的過程成為一種自我昇華。最近我和客戶合作時，詢問他們為什麼喜歡自己衣櫃裡的衣物。他們回答說，雖然這些衣服合身合意，但就算明天打開衣櫃，發現它們都消失了，也無所謂。我深受這句話震撼，也如實地告知他們。我希望每一個人都能愛上自己擁有的物品。把衣櫃裡的單品視為生活拼圖的一部分，將它們拼湊在一起時，能夠協助你傳達人格中複雜且多元的面向。與其抱持「有的話很好，沒有也沒差」的態度，我想鼓勵大家穿出非凡的感受。當你下定決心變得更加自信時，漸漸地——有時甚至是瞬間地——自信會隨之而來。當你的穿著打扮能讓自己神采飛揚時，你也會開始感到自己真的在發光。

畢竟，照鏡子宛如一種魔術伎倆。也許是那稍微塞進的前擺、那無懈可擊的腰帶、你將毛衣在肩膀上打結的方式，或是隱約露出的衣領，這些細節都能創造一種感受——當你望向鏡子，眼前美好的自己將讓你驚豔。此外，風格的另一個奇妙之處在於，它始終在成長與變化。等這本書抵達你的手中，我的三個關鍵詞可能已經改變了。時尚鼓勵我們不斷進化——而成長將帶來力量。一旦你的風格穩固了，它會帶著你探索新的領域。當我們允許色彩和布料的觸感打動我們的感官，我們的勇氣也會隨之茁壯。

我在這些章節中分享了豐富的內容——包括我的「AB 衣櫃精選系統」和「三詞法則」。我們討論了「九大萬用單品」、「打底款」，以及「穿搭公式」。我們採用了不同的儀式來驅逐批判的聲音，並擁抱真實自我。我們也探討如何以更呵護而深思熟慮的新方式來採買和穿著打扮。

最重要的是，我希望當你閱讀這本書的時候能夠意識到，你已經具備了耀眼的風格。我分享的工具和方法，能讓你在穿搭時感到更加愉悦和自在，同時也更貼近真正的自己。我期望本書內容能為你提供一個實用的概念體系，將衣櫃視為充滿凝聚力和活力的發明空間。我與客戶合作時最喜歡的片刻，就是他們發現自己其實已經擁有一切需要的東西。本書旨在幫助你解讀並重新發現你衣櫃中的潛能，並協助你在修飾造型的過程中找到樂趣。我們很幸運能夠擁有這個機會，透過打扮自己來滿足我們的渴望和願景。何不享受這個過程的每分每秒，並祈願這樣的能量也能啟發身邊的人？

我有一些客戶會囤積非常好的衣物，卻從未穿上它們，因為他們覺得還沒遇到足夠特別的場合。但我提議：各位讓每一天都變得獨一無二。如果某件衣服深得你心、讓你感覺良好，就穿上它吧。生命太短暫了！所以， 如果你正等待著一個特殊時刻降臨，才允許自己享受幸福感，那麼正好——我們就從今天開始吧！

致謝詞

這本書能夠順利出版，歸功於許多人。首先，最重要的是感謝我的客戶們——你們教會了我太多太多。書中分享的多數內容，都是在我與你們合作的過程中學習到的，無論是透過 FaceTime 會議還是 Instagram 私訊聯繫，能與你們共事是我至高的榮幸。感謝你們提供的所有回饋與智慧！

感謝我的母親，謝謝您長期以來的支持，您從未質疑過我的時尚選擇（至少不是在我的面前！），這份包容賜予我嘗試新事物的勇氣，我深懷感激。

也謝謝我的父親。大多數人絕對意想不到，您其實是我經營社群媒體的祕密武器。您足智多謀，我熱愛和您一起腦力激盪。謝謝您給我滿滿的支持。每次聽到您和別人談論我和我的工作時，我總感覺那是世界上最溫馨的一刻。大概只有您會把造型師和醫生相提並論，還解釋說這兩種職業都是在派對上遇到時會想尋求建議的對象，無論問題是皮疹——或鞋子的人，並且認為造型師和醫生都能幫助人們感覺更好。雖然這個比喻有點牽強，但您的善意我心領了。

致馬克（Mark）——在我們年紀還小的時候，你就成為我第一位造型客戶，而且直到現在依然是我合作無間的好夥伴。身為你的姐妹，我深感驕傲。

致奈森（Nathan），感謝你總是推我一把，並提供讓人拍案叫絕的點子。我很幸運，老公同時也是我的經理。你的支持與鼓勵對我來說意義非凡。還有我的其他家庭成員們——感謝你們的支持與啟發。能夠擁有你們，我簡直幸福得不公平。

致艾蜜莉（Emily ），感謝妳聽我分享客戶的故事，並從一開始就建議將這些內容撰寫成一本書。妳讓我明白，或許每個人的故事都獨一無二，但大家都有一個共同心願：幸福的感受。希望我們都能在這些故事中看到自己的影子。

致黛爾芬（Delphine），感謝妳多年前建議我在 Instagram 上分享時尚訣竅，那個提議催化了這一切。妳創造力豐富又聰明，總是激勵我突破極限。妳給了我信心，也是唯一會提醒我頭髮有點怪、應該重新錄製影片的人。若沒有妳的支持與指引，我無法走到今天這一步。

致維歐蕾特（Violette）……說真的，沒有妳和妳的鼓勵，這一切都不會發生。妳賜予我前所未有的機會。如果不是你，我至今仍不敢在相機前拋頭露面。透過觀察妳如何經營事業，我彷彿擁有了一張導航路線圖。我永遠對妳懷抱恩情。

感謝潔西卡（Jessica）協助我將零碎的想法轉化為完整具體的概念。在寫書的過程中，妳總是不吝伸出援手，也是我可靠的諮詢對象。

沒有妳，我無法完成這一切，而我也不想在妳缺席的情況下完成。

梅格（Meg）——謝謝妳在這個過程中成為如此優秀的盟友和導師。妳總是耐心地協助我這個新手熟悉出版流程，並且在我提出一些超級顯而易見的問題時，也毫不嫌棄。

致卡拉（Cara）和編年史書籍（Chronicle Books）的出版團隊全員——感謝你們理解我的願景，並推動我創作出讓我引以為豪的作品！

感謝珍・特拉罕（Jen Trahan）提供這些令人讚嘆的攝影作品，有幸與妳這般眼光獨到的專業人士合作，讓我大鬆一口氣。

致達娜・博耶爾（Dana Boyer），謝謝妳讓我感到美麗又自信。

我還想感謝傑格模特（JAG Models[8]）和莉莉・葛莉絲（Lily Grace），幫助我安排這些迷人的繆思。謝謝席琳娜（Selena）、奧美嘉（Omega）、凱莉亞（Kelia）、納塔菈（Mnatalla）和喬伊（Joy）——妳們讓合作過程充滿樂趣，每個人的風格都啟發了我！謝謝蘿倫・山德斯（Lauren Sands）如此慷慨地借我們使用妳那美輪美奐的衣櫃！

8 位於紐約的模特兒經紀公司

安妮（Annie），謝謝妳為本書製作了精采的影像組圖！歡迎讀者追蹤她的 Instagram：@anniecollage

致 KC，你最棒了。感謝你幫助我實現大膽的想法。還有感謝我的朋友們，我愛你們所有人，能夠擁有為我撐腰的堅實後盾，我真的非常幸運。

致奧布瑞（Aubrey），謝謝妳提供的所有協助。沒有妳，我無法做到這一切。

我也要向這幾位記者深表感謝：克里斯蒂安·阿萊爾（Christian Allaire，《Vogue》）、克莉絲汀·尼可斯（Kristen Nichols，《潮流人物》〔*Who What Wear*〕）、海莉·萊薩瓦吉（Halie LeSavage，《哈潑時尚》）、潔西卡·特斯塔（Jessica Testa，《紐約時報》〔*The New York Times*〕）、奧利維亞·盧皮諾（Olivia Luppino，《摩登切面》〔The Cut〕），以及其他親切又支持我的優秀新聞工作者們，謝謝你們撰寫有關我的 FaceTime 諮詢和 TikTok 頻道的文章。你們的報導與鼓勵對我來說意義重大。

謝謝你，小迪威（Deewee[9]）。我想念你。

---

9 作者的寵物狗

理想時尚聖經：
從衣櫃減法開始的風格覺醒指南，專屬關鍵字×穿搭公式X九大經典萬用單品，穿出最好的妳自己！

作者　艾莉森・柏恩斯坦（Allison Bornstein）
譯者　許懷方
責任編輯　陳姿穎
內頁設計　江麗姿
封面設計　任有騰
資深行銷　楊惠潔
行銷主任　辛政遠
通路經理　吳文龍
總編輯　姚蜀芸
副社長　黃錫鉉
總經理　吳濱伶
發行人　何飛鵬
出版　創意市集 Inno-Fair
城邦文化事業股份有限公司
發行　英屬蓋曼群島商家庭傳媒股份有限公司城邦分公司
115台北市南港區昆陽街16號8樓

城邦讀書花園　http://www.cite.com.tw
客戶服務信箱　service@readingclub.com.tw
客戶服務專線　02-25007718、02-25007719
24小時傳真　02-25001990、02-25001991
服務時間　週一至週五 9:30-12:00，13:30-17:00
劃撥帳號　19863813　戶名：書虫股份有限公司
實體展售書店　115台北市南港區昆陽街16號5樓
※如有缺頁、破損，或需大量購書，都請與客服聯繫

香港發行所　城邦（香港）出版集團有限公司
香港九龍土瓜灣土瓜灣道86號
順聯工業大廈6樓A室
電話：(852) 25086231
傳真：(852) 25789337
E-mail：hkcite@biznetvigator.com

馬新發行所　城邦（馬新）出版集團Cite (M) Sdn Bhd
41, Jalan Radin Anum, Bandar Baru Sri Petaling,
57000 Kuala Lumpur, Malaysia.
電話：(603)90563833
傳真：(603)90576622
Email：services@cite.my

製版印刷　凱林彩印股份有限公司
初版 1 刷　2025年9月

ISBN　978-626-7683-15-6／定價　新台幣480元
EISBN　978-626-7683-14-9／電子書定價　新台幣360元

※廠商合作、作者投稿、讀者意見回饋，請至：
創意市集粉專　https://www.facebook.com/innofair
創意市集信箱　ifbook@hmg.com.tw

國家圖書館出版品預行編目資料

理想時尚聖經：從衣櫃減法開始的風格覺醒指南，專屬關鍵字×穿搭公式X九大經典萬用單品，穿出最好的妳自己！/艾莉森.柏恩斯坦(Allison Bornstein)著；許懷方譯. -- 初版. -- 臺北市：創意市集, 城邦文化事業股份有限公司出版：英屬蓋曼群島商家庭傳媒股份有限公司城邦分公司發行, 2025.09
面；　公分
譯自：Wear it well : reclaim your closet and rediscover the joy of getting dressed.
ISBN 978-626-7683-15-6(平裝)
1.CST: 服裝 2.CST: 衣飾 3.CST: 時尚

423.2　　114004711